高等学校“十四五”农林规划新形态教材

植物生理学实验

（第2版）

主　编　李　胜（甘肃农业大学）
马绍英（甘肃农业大学）
副主编　倪　郁（西南大学）
孙　萍（甘肃农业大学）
编　委（按姓氏拼音排序）
陈展宇（吉林农业大学）
李　胜（甘肃农业大学）
马绍英（甘肃农业大学）
倪　郁（西南大学）
孙　萍（甘肃农业大学）
王建平（甘肃农业大学）

中国教育出版传媒集团
高等教育出版社·北京

内容简介

本书是在多年的植物生理学实验教学改革的基础上编写而成，涉及植物生理学相关实验的基本原理、基础知识、基本实验技能和拓展应用。全书包括 58 个实验项目、7 个附录和 32 个拓展实验（数字课程形式呈现），内容涵盖植物的细胞生理、植物的水分生理、植物的矿质营养、植物的光合作用与呼吸作用、光合同化物代谢、植物生长物质与信号转导、植物生长发育、植物逆境生理 8 个方面。每个实验后设有思考题和参考文献，帮助学生理解并及时复习相应内容。附录包括植物材料的采集、处理和保存，计量单位，常用酸碱浓度的近似配制表，常用缓冲液的配制，常用植物生长调节物质及主要性质，植物组织培养常用培养基配方，水稻水培营养液配方等内容，供参考使用。

本书内容扼要，知识系统，实用性强，可供高等农林院校相关专业的本科生和研究生使用，也可作为植物生理学相关工作者的研究参考书。

图书在版编目（CIP）数据

植物生理学实验 / 李胜，马绍英主编．--2 版．--北京：高等教育出版社，2023.1（2024.11重印）

ISBN 978-7-04-058627-5

Ⅰ．①植… Ⅱ．①李… ②马… Ⅲ．①植物生理学－实验－高等学校－教材 Ⅳ．① Q945-33

中国版本图书馆 CIP 数据核字（2022）第 071622 号

Zhiwu Shenglixue Shiyan

策划编辑 孟 丽 郝真真　　责任编辑 孟 丽 郝真真　　封面设计 李小璐
责任印制 存 怡

出版发行	高等教育出版社	网　　址	http://www.hep.edu.cn
社　　址	北京市西城区德外大街4号		http://www.hep.com.cn
邮政编码	100120	网上订购	http://www.hepmall.com.cn
印　　刷	肥城新华印刷有限公司		http://www.hepmall.com
开　　本	787mm×1092mm　1/16		http://www.hepmall.cn
印　　张	10.5	版　　次	2016 年 3 月第 1 版
字　　数	260 千字		2022 年 12 月第 2 版
购书热线	010-58581118	印　　次	2024 年 11 月第 2 次印刷
咨询电话	400-810-0598	定　　价	28.00元

物 料 号　58627-00

数字课程（基础版）

植物生理学实验（第2版）

主编　李　胜　马绍英

登录方法：

1. 电脑访问 http://abook.hep.com.cn/58627，或手机扫描下方二维码、下载并安装 Abook 应用。
2. 注册并登录，进入“我的课程”。
3. 输入封底数字课程账号（20 位密码，刮开涂层可见），或通过 Abook 应用扫描封底数字课程账号二维码，完成课程绑定。
4. 点击“进入学习”，开始本数字课程的学习。

课程绑定后一年为数字课程使用有效期。如有使用问题，请点击页面右下角的“自动答疑”按钮。

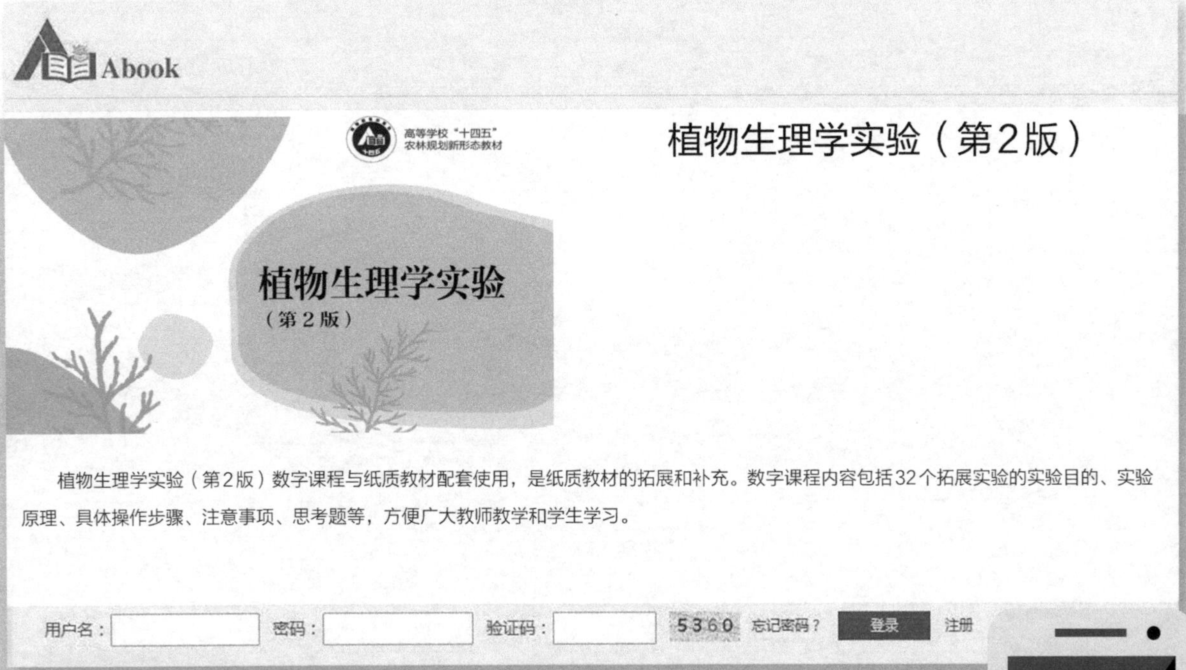

http://abook.hep.com.cn/58627

扫描二维码，下载Abook应用

拓展实验目录及编者

第一章　植物的细胞生理

拓展实验 1-1　植物细胞原生质体的分离（孙萍）

拓展实验 1-2　植物细胞骨架的荧光检测技术（孙萍）

1-2-1　植物肌动蛋白细胞骨架的荧光标记

1-2-2　植物微管蛋白的免疫荧光标记

拓展实验 1-3　高等植物线粒体的提取、分离和鉴定（孙萍）

第二章　植物的水分生理

拓展实验 2-1　气孔运动及其影响因素（陈展宇）

2-1-1　气孔运动的观察

2-1-2　光对植物气孔运动的影响

2-1-3　K^+ 对植物气孔运动的影响

拓展实验 2-2　用恒态气孔计测定叶片蒸腾速率和气孔扩散阻力（陈展宇）

第三章　植物的矿质营养

拓展实验 3-1　植物根系对矿质离子的选择性吸收（马绍英）

拓展实验 3-2　单盐毒害及离子间的拮抗作用（马绍英）

拓展实验 3-3　土壤有效钾含量的测定——NH_4OAc 浸提（火焰光度法）（马绍英）

拓展实验 3-4　土壤有效磷含量的测定——钼锑抗比色法（马绍英）

拓展实验 3-5　土壤酸碱度的测定（马绍英）

拓展实验 3-6　土壤脲酶活性的测定方法（苯酚钠 - 次氯酸钠比色法）（马绍英）

拓展实验 3-7　土壤磷酸酶活性的测定（磷酸苯二钠比色法）（马绍英）

拓展实验 3-8　土壤蔗糖酶活性的测定（3,5- 二硝基水杨酸比色法）（马绍英）

拓展实验 3-9　土壤过氧化氢酶活性的测定（高锰酸钾滴定法）（马绍英）

拓展实验 3-10　土壤纤维素酶活性的测定（3,5- 二硝基水杨酸比色法）（马绍英）

第四章　植物的光合作用与呼吸作用

拓展实验 4-1　真空渗入法测定环境因子对光合作用的影响（倪郁）

拓展实验 4-2　线粒体呼吸耗氧的测定（倪郁）

第五章　光合同化物代谢

拓展实验 5-1　总黄酮含量的测定（孙萍）

拓展实验 5–2　HPLC 法测定黄酮苷元含量（孙萍）
拓展实验 5–3　茶多酚含量的测定（孙萍）
拓展实验 5–4　咖啡碱含量测定（质量法）（孙萍）
拓展实验 5–5　总皂苷的粗提及 HPLC 法测定甾体皂苷元含量（孙萍）

第六章　植物生长物质与信号转导
拓展实验 6–1　生长素的生物鉴定法（芽鞘伸长法）（王建平）
拓展实验 6–2　生长素类物质对根、芽生长的影响（王建平）
拓展实验 6–3　赤霉素的生物鉴定法（水稻幼苗法）（王建平）
拓展实验 6–4　赤霉素诱导 α– 淀粉酶的合成（王建平）
拓展实验 6–5　细胞分裂素的保绿效应（王建平）
拓展实验 6–6　脱落酸的生物学测定方法（王建平）

第七章　植物生长发育
拓展实验 7–1　植物细胞悬浮培养（孙萍）
拓展实验 7–2　植物原生质体培养（孙萍）
拓展实验 7–3　切花的延衰保鲜实验（孙萍）
拓展实验 7–4　乙烯对果实的催熟作用（孙萍）

前言

植物生理学实验是高等院校生物学、农学类专业的专业基础课，也是植物生理学教学的重要组成部分，通过本课程的学习，不仅有助于学生对理论知识进一步理解，也有助于学生更好地掌握植物生理学的相关原理、研究方法和技术，从而使学生的实验操作技能得到充分训练，提升学生的动手能力、综合分析问题与解决问题的能力，培养学生严谨求实的科学态度，为学生开展科学研究工作奠定良好的基础。为了适应新时代高等院校国家一流课程建设和“双万计划”人才培养的需求，结合相关高校植物生理学实验教学实践，由高等教育出版社组织，国内相关院校长期从事植物生理学教学的专任教师编写了这本《植物生理学实验》(第2版)。

目前，植物生理学研究方法不断与植物组织培养、植物营养学、植物土壤学、植物信号生理和植物次生代谢等相关学科交叉融合，在进行植物生理学特别是植物逆境生理学研究时，传统的植物生理学相关实验的指标检测已不再能够满足高等院校本科教学需求，不能较好地与研究生培养要求衔接，据此我们对第1版教材相关内容进行了修改、补充与完善。全书共收录了植物的细胞生理、植物的水分生理、植物的矿质营养、植物的光合作用与呼吸作用、光合同化物代谢、植物生长物质与信号转导、植物生长发育、植物逆境生理等领域的90个实验，其中58个基础实验放在纸质教材中，32个拓展实验放在数字课程中)。

本书编写工作分工如下：实验1~2、实验28~30、实验44~48、附录1~5由孙萍编写，实验3~9由陈展宇编写，实验10~19、实验31~34、实验43、附录6~7由马绍英编写，实验20~27由倪郁编写，实验35~42由王建平编写，实验49~58由李胜编写。拓展实验分工见拓展实验目录及编者。

由于编者水平有限，书中不足在所难免，敬请广大读者和专家批评指正。

李 胜 马绍英

2022年7月

目录

第一章　植物的细胞生理 ……………………………………………………… 1

实验 1　植物细胞的活体染色与活细胞的鉴定 ………………………………… 1
实验 2　高等植物叶绿体的提取分离与活性鉴定 ……………………………… 3

第二章　植物的水分生理 ……………………………………………………… 5

实验 3　植物组织含水量的测定 ………………………………………………… 5
实验 4　植物组织水势的测定 …………………………………………………… 6
4-1　压力室法 ………………………………………………………………… 6
4-2　小液流法 ………………………………………………………………… 8
实验 5　植物细胞渗透势的测定 ………………………………………………… 9
5-1　质壁分离法 ……………………………………………………………… 9
5-2　渗透势仪法 ……………………………………………………………… 11
实验 6　环境因子对植物吐水现象的影响 ……………………………………… 13
实验 7　植物伤流含量的测定 …………………………………………………… 14
实验 8　离体称重法测定叶片的蒸腾速率 ……………………………………… 15
实验 9　植物的溶液培养及缺素培养 …………………………………………… 16

第三章　植物的矿质营养 ……………………………………………………… 19

实验 10　植物组织中磷的测定 ………………………………………………… 19
10-1　钒钼黄比色法 ………………………………………………………… 19
10-2　钼锑抗比色法 ………………………………………………………… 20
实验 11　植物叶片中钾、钠、铁、铜、镉、锰的测定——原子吸收分光光度法 ……21
实验 12　植物叶片中钙的测定——EDTA 法 ………………………………… 23
实验 13　植物体内硝酸还原酶活性的测定 …………………………………… 25
13-1　离体法 ………………………………………………………………… 25
13-2　活体法 ………………………………………………………………… 26
实验 14　植物体内谷氨酰胺合成酶活性的测定 ……………………………… 27
实验 15　植物根系活性的测定 ………………………………………………… 28
实验 16　H^+-ATPase 活性的测定 ………………………………………… 30

16-1 质膜 H^+-ATPase 活性的测定 ……30
16-2 液泡膜 H^+-ATPase 活性的测定 ……32
实验 17 植物与土壤硝态氮、铵态氮的测定 ……33
17-1 植物中铵态氮的测定 ……33
17-2 植物中硝态氮的测定 ……34
17-3 土壤硝态氮的测定——酚二磺酸比色法 ……35
17-4 土壤铵态氮的测定——浸提蒸馏法 ……36
实验 18 植物与土壤全氮的测定——凯氏定氮法 ……38
实验 19 土壤有机质测定 ……39
19-1 重铬酸钾容量法——外加热法 ……39
19-2 重铬酸钾容量法——稀释热法 ……40

第四章 植物的光合作用与呼吸作用 ……42

实验 20 叶绿体色素的提取和理化性质 ……42
实验 21 叶绿体色素含量的测定 ……44
21-1 有机溶剂提取比色法 ……44
21-2 叶绿素测定仪活体叶片测定法 ……46
实验 22 叶绿体的希尔反应 ……47
实验 23 植物光合指标测定 ……49
实验 24 植物荧光动力学参数的测定 ……53
实验 25 1,5- 二磷酸核酮糖（RuBP）羧化酶活性的测定 ……54
实验 26 磷酸烯醇丙酮酸羧化酶活性的测定 ……56
实验 27 丙酮酸激酶活性的测定 ……58

第五章 光合同化物代谢 ……61

实验 28 植物组织中可溶性糖和淀粉含量的测定 ……61
28-1 苯酚法 ……61
28-2 蒽酮法 ……62
28-3 淀粉的测定 ……63
实验 29 植物组织中可溶性蛋白含量的测定 ……64
29-1 考马斯亮蓝法 ……64
29-2 Lowry 法 ……65
实验 30 植物粗纤维含量的测定 ……67
实验 31 原花青素含量测定 ……68
实验 32 硫代葡糖苷的提取与高效液相色谱法测定 ……70
实验 33 萝卜硫素的提取与高效液相色谱法测定 ……71
实验 34 白藜芦醇的提取与高效液相色谱法测定 ……73

第六章 植物生长物质与信号转导 ……75

实验 35 植物激素的提取、分离与纯化及高效液相色谱法测定 ……75
35-1 溶剂萃取法 ……75
35-2 薄层层析法 ……76
35-3 C_{18} 胶柱分离法 ……77
35-4 高效液相色谱法 ……78
实验 36 酶联免疫吸附测定植物激素的含量 ……80
实验 37 细胞分裂素含量测定——萝卜子叶测定法 ……82
实验 38 乙烯的气相色谱法测定 ……83
实验 39 植物叶片中水杨酸含量的测定 ……85
实验 40 植物组织中独脚金内酯含量的测定 ……86
实验 41 植物组织中 NO 含量的测定——Griess 法 ……88
实验 42 植物组织中钙调蛋白（CaM）的制备和活性测定 ……89
42-1 CaM 的制备 ……90
42-2 CaM 活性测定 ……92

第七章 植物生长发育 ……97

实验 43 植物组织培养的基本技术 ……97
43-1 培养基母液的计算与配制 ……97
43-2 培养基的制备 ……101
43-3 外植体的消毒与接种 ……102
实验 44 光对植物生长的影响 ……104
实验 45 植物春化作用和光周期现象的观察 ……105
实验 46 花粉萌发和花粉活性的测定 ……106
46-1 花粉萌发的测定 ……106
46-2 花粉活性测定 ……108
实验 47 种子生活力的测定 ……109
47-1 溴麝香草酚蓝（BTB）法 ……110
47-2 氯化三苯四氮唑（TTC）法 ……110
47-3 红墨水法 ……111
47-4 纸上荧光法 ……112
实验 48 植物组织果胶酶活性的测定 ……113

第八章 植物逆境生理 ……116

实验 49 电导法测定植物细胞质膜透性 ……116
实验 50 植物体内游离脯氨酸含量的测定 ……117
实验 51 植物体内甜菜碱含量的测定 ……119

实验 52 植物组织中丙二醛含量的测定 …… 120
实验 53 超氧化物歧化酶活性的测定 …… 122
实验 54 植物组织中 H_2O_2 含量及过氧化氢酶活性的测定 …… 124
54-1 H_2O_2 含量测定 …… 124
54-2 过氧化氢酶活性测定——高锰酸钾滴定法 …… 125
54-3 过氧化氢酶活性测定——分光光度法 …… 127
实验 55 植物组织中过氧化物酶活性的测定 …… 128
实验 56 抗坏血酸过氧化物酶活性的测定 …… 130
实验 57 苯丙氨酸解氨酶活性的测定 …… 131
实验 58 植物叶片中多酚氧化酶（PPO）活性的测定 …… 133

附录 …… 135

附录 1 植物材料的采集、处理和保存 …… 135
附录 2 计量单位 …… 138
附录 3 常用酸碱浓度的近似配制表 …… 140
附录 4 常用缓冲液的配制 …… 140
附录 5 常用植物生长调节物质及主要性质 …… 143
附录 6 植物组织培养常用培养基配方 …… 145
附录 7 水稻水培营养液配方 …… 155

第一章　植物的细胞生理

实验 1　植物细胞的活体染色与活细胞的鉴定

【实验目的】

掌握植物细胞的活体染色技术，并通过观察分析，学会鉴定活细胞。

【实验原理】

活体染色法是指利用对植物无害的染料将活细胞染色，进行观察分析的技术。中性红是普遍使用的活体染料之一，是一种弱碱性的 pH 指示剂，其变色范围在 pH 6.4 ~ 8.0（由红色变为橙黄色）。在酸性至 pH 7.0 的范围内，解离度很强，呈红色。pH 7.0 是中性红显色转变的界限，若 pH 为 7.0 以上，中性红则以分子状态溶解，变为橙黄色。植物的活细胞处于中性红染料中时，会大量吸收中性红，由于植物液泡一般呈酸性，因此此时中性红便解离出阳离子，呈现为红色。若此时植物细胞死亡，由于原生质变性凝固，细胞质膜失去选择透过性，细胞液不能留在液泡里，不会产生液泡着色的现象。同时，此时中性红解离出阳离子，与带负电荷的细胞质和细胞核结合，使原生质与细胞核染色。使用中性红活体染色后，可用中性偏碱的水（如自来水或井水，pH 约高于 7.0）进行冲洗，这样染料便很好地留存在液泡内，使液泡着色。

【实验材料、仪器设备与试剂】

1. 实验材料

洋葱鳞茎或小麦叶片。

2. 仪器设备

显微镜、培养皿、载玻片、盖玻片、刀片、镊子、酒精灯、滤纸等。

3. 试剂

0.3 $g \cdot L^{-1}$ 中性红溶液、1 $mol \cdot L^{-1}$ 硝酸钾溶液。

【方法步骤】

1. 材料准备

取一片较幼嫩的洋葱鳞茎，冲洗干净，用滤纸吸干表面的水分。用刀片在鳞片内侧，割划出 0.5 cm^2 左右的小块，用尖头镊子将内表皮小块撕下，投入中性红溶液中染色（注意：将表皮内侧朝下）。

若使用小麦叶片为材料，将叶片下表皮朝上，平放在载玻片上，再将此载玻片放入盛有少量清水的培养皿中，将叶片铺平，用刀片从一个方向轻轻刮去下表皮和部分叶肉细胞，留下透明的上表皮细胞（注意：用刀片刮叶肉细胞时，要十分小心，用力太重，容易损坏表皮细胞，太轻会留下过多的叶肉细胞，影响观察）。将刮好的表皮细胞切成约

0.5 cm^2 的小块。

2. 染色

将上述制作好的洋葱鳞茎表皮或小麦叶片上表皮材料投入到 0.3 g · L^{-1} 的中性红溶液中，染色 5 ~ 10 min。

3. 观察

（1）将步骤 2 中的活体染色制片，取出 1 ~ 2 片，在蒸馏水中稍加冲洗，在载玻片上滴 1 滴蒸馏水，小心地将制片平展到载玻片上，加盖玻片，在显微镜下观察，可看到细胞壁被染成红色，而原生质和液泡均不染色。

（2）再取出几片活体染色制片，在 pH 略高于 7.0 的自来水中，浸泡 10 ~ 15 min，用镊子小心地平铺于载玻片上，加盖玻片，在显微镜下观察，发现细胞壁发生脱色，而液泡则被染成红色。

（3）将上述染色制片浸入 1 mol · L^{-1} 硝酸钾溶液中，浸泡 10 min 左右，取出后在显微镜下观察，由于硝酸钾使细胞发生了质壁分离，因此能清晰地区分出无色的原生质和红色的液泡位置。

（4）将上述的活体染色制片放在酒精灯外焰上缓缓加热，杀死细胞。再在显微镜下观察，发现原生质发生凝结，原生质与细胞核均被染为红色。

（5）同时在显微镜下对活体染色制片仔细寻找，观察是否有死细胞，观察其染色部位。

【结果与分析】

根据实验结果进行分析，绘制对应的细胞染色图（注意标明细胞部位的名称及颜色），并填写表 1–1。

表 1–1 植物细胞的活体染色及活细胞鉴定表

项目	活细胞	死细胞
中性红染色		
中性红染色 + 自来水浸泡		
中性红染色 + 自来水浸泡 + KNO_3 溶液		
中性红染色 + 酒精灯加热杀死细胞		

【注意事项】

用镊子撕下表皮时要小心，尽量不要伤害细胞。

【思考题】

试总结活细胞与死细胞染色时的颜色差异。

【参考文献】

1. 高俊凤 . 植物生理学实验指导［M］. 北京：高等教育出版社，2006.

2. 王三根 . 植物生理学实验教程［M］. 北京：科学出版社，2017.

实验 2　高等植物叶绿体的提取分离与活性鉴定

【实验目的】

学习并掌握植物细胞叶绿体的相关知识，以及提取分离与活性鉴定的方法。

【实验原理】

真核细胞由细胞膜、细胞核和细胞质组成，细胞质中含有若干细胞器或细胞骨架，这些结构称为亚细胞组分。分离亚细胞组分的方法主要有差速离心法和密度梯度离心法两种。

1. 差速离心法

差速离心（differential centrifugation）是利用不同速度的离心，由低速到高速进行逐级离心，分离不同相对分子质量的物质，使样品按先大后小的顺序逐级沉淀。差速离心法一般适用于分离密度和大小悬殊的细胞或细胞器，得到的产物纯度较低，若对纯度的要求较高，则需要用密度梯度离心法来分离纯化。

2. 密度梯度离心法

密度梯度离心（density gradient centrifugation）是指使用一定的介质在离心管内形成连续的密度梯度，将细胞悬浮液或匀浆置于介质的顶部，通过离心力的作用，使细胞或细胞器分层分离。最后不同密度的细胞或细胞器位于与自身密度相同的沉降区带中。这种离心技术又可分为速度沉降和等密度沉降两种。速度沉降主要用于分离密度相近而相对分子质量不同的物质，而等密度沉降用于分离密度不同的物质。

叶绿体是植物细胞进行光合作用的主要场所，与光合作用密切相关。为了研究叶绿体的结构和功能，需要从植物细胞中将叶绿体进行分离。利用差速离心法可以使叶绿体进行分离，然后用密度梯度离心法进一步纯化，并利用叶绿体的特性鉴定其生理活性。

【实验材料、仪器设备与试剂】

1. 实验材料

新鲜菠菜。

2. 仪器设备

普通或高速离心机、电子天平、光学显微镜、荧光显微镜、剪刀、研钵、移液管、三角漏斗、纱布、烧杯、滴管、离心管、载玻片、盖玻片等。

3. 试剂

（1）提取缓冲液　包含 0.35 mol · L^{-1} 山梨糖醇溶液，50 mmol · L^{-1} Tris–HCl 缓冲液（pH 8.0），20 mmol · L^{-1} EDTA–2Na 溶液（pH 8.0），1 g · L^{-1} 牛血清蛋白溶液（用前加入）。

（2）蔗糖溶液　分别配制 600 g · L^{-1}、400 g · L^{-1} 和 200 g · L^{-1} 蔗糖溶液（蔗糖溶于提取缓冲液中）。

（3）0.1 g · L^{-1} 吖啶橙（acridine orange）荧光染料　称取 0.1 g 吖啶橙，加 100 mL 蒸馏水溶解，即为母液，储存于棕色瓶，置 4℃冰箱保存。临用前取 1 mL 母液加 1/15 mol · L^{-1} 磷酸盐缓冲液（pH 4.8）9 mL。

【实验步骤】

1. 叶绿体的提取分离

（1）称取 20 g 新鲜的菠菜嫩叶，用自来水冲洗干净，擦干后，去除叶脉并剪碎，置于预冷的研钵中。

（2）加入 100 mL 预冷的提取缓冲液，研磨匀浆。

（3）取三角漏斗用 5～6 层纱布过滤上述匀浆液，滤液盛于烧杯中。

（4）移取滤液 10 mL 于离心管中，在 4℃、200 $r \cdot min^{-1}$ 条件下离心 2 min，弃去沉淀。

（5）将上清液转移至新的离心管中，在 4℃、1 500 $r \cdot min^{-1}$ 条件下离心 10 min，弃去上清液，沉淀即为离体叶绿体。

（6）沉淀用适量提取缓冲液悬浮，以备进一步纯化。

（7）从 10 mL 离心管底部往上，依次加入 3 mL 的 600 $g \cdot L^{-1}$、400 $g \cdot L^{-1}$ 和 200 $g \cdot L^{-1}$ 蔗糖溶液，最后加 1 mL 的粗提叶绿体悬浮液，在 4℃、4 000 $r \cdot min^{-1}$ 条件下离心 30 min（或在 4℃、10 000 $r \cdot min^{-1}$ 条件下离心 15 min）。

（8）用滴管小心地将位于 400 $g \cdot L^{-1}$ 蔗糖梯度的叶绿体转移至新的离心管中，加 2 倍体积的提取缓冲液悬浮稀释。在 4℃、1 500 $r \cdot min^{-1}$ 条件下离心 10 min，弃去上清液，加适量提取缓冲液悬浮沉淀，4℃保存备用。

2. 叶绿体的活性鉴定

（1）吸取叶绿体悬浮液，滴一滴于载玻片上，加盖玻片，在光学显微镜下观察，注意观察分离得到的叶绿体形态。

（2）吸取叶绿体悬浮液，滴一滴于无荧光载玻片上，加无荧光盖玻片，在荧光显微镜下观察叶绿体有无自发荧光，颜色如何。

（3）吸取叶绿体悬浮液，滴一滴在无荧光载玻片上，再滴一滴 0.1 $g \cdot L^{-1}$ 吖啶橙荧光染料，加无荧光盖玻片，在荧光显微镜下观察叶绿体的次生荧光。

（4）亦可通过测定叶绿体的光合速率和希尔反应中的放氧情况或还原电子情况鉴定其生理活性。

【思考题】

总结叶绿体提取分离应注意的环节。

【参考文献】

王崇英，侯岁稳，高欢欢 . 细胞生物学实验［M］. 4 版 . 北京：高等教育出版社，2017.

第二章　植物的水分生理

实验 3　植物组织含水量的测定

【实验目的】

学习并掌握植物组织含水量的测定方法。

【实验原理】

植物组织的含水量是反映植物组织水分生理状况的重要指标，如水果、蔬菜含水量的多少对其品质有重要影响，种子含水量状况对其安全贮藏具有重要意义。利用水遇热蒸发为水蒸气的原理，可用加热烘干法来测定植物组织中的含水量。植物组织含水量的表示方法，常以鲜重或干重的百分比表示，有时也以相对含水量（或称饱和含水量）表示。

【实验材料与仪器设备】

1. 实验材料

新鲜植物组织。

2. 仪器设备

分析天平、剪刀、烘箱、铝盒、干燥器、吸水纸、坩埚钳。

【实验步骤】

1. 自然含水量的测定

（1）铝盒的恒重　将洗净的两个铝盒编号，放在 105℃烘箱中，干燥 2 h 左右，用坩埚钳取出放入干燥器中冷却至室温后，在分析天平上称重，再于烘箱中干燥 2 h，同样于干燥器中冷却后称重，如此重复 2 次（2 次称重的误差不得超过 0.002 g），求得铝盒的平均质量 m_1，将铝盒放入干燥器中待用。

（2）样品的质量　将待测植物组织（如叶子等）从植株上取下后迅速剪成小块，装入已知质量的铝盒中盖好，在分析天平上准确称取其质量，称得铝盒与鲜样品总质量为 m_2，然后于 105℃烘箱中干燥 4 ~ 6 h（注意要打开铝盒盖子）。取出铝盒，待其温度降至 60 ~ 70℃时用坩埚钳将铝盒盖子盖上，放在干燥器中冷却至室温，再在分析天平上称重，然后再放入烘箱中干燥 2 h，在干燥器中冷却至室温，再称重，这样重复几次，直至恒重为止。称得铝盒与干样品总质量 m_3。干燥时注意防止植物组织焦化。若为幼嫩组织可先用 100 ~ 105℃杀死组织细胞后，再在 80℃下烘至恒重。

（3）记录及计算　将相关实验结果记录在表 3–1 中。

样品鲜重 $m_f = m_2 - m_1$

样品干重 $m_d = m_3 - m_1$

$$植物组织含水量=\frac{m_f-m_d}{m_f}\times100\%$$

表 3–1　植物组织含水量记录表

编号	铝盒质量（m_1）/g	铝盒质量 + 样品鲜重（m_2）/g	铝盒质量 + 样品干重（m_3）/g

2. 相对含水量的测定方法（或称饱和含水量）

此法是以植物组织的饱和含水量为基础来表示组织的含水状况，因为作为计算基础的组织饱和含水量有较好的重复性，而组织的鲜重、干重不太稳定（鲜重常随时间及处理条件而有变化，生长旺盛的幼嫩叶子，常随时间的增加而显著增加，所以要进行不同时期含水量的对比就不恰当）。一般认为采用相对含水量表示组织的水分状况，比用自然含水量表示更准确。

（1）按上述步骤先求得样品鲜重 m_f，然后将样品浸入蒸馏水中数小时，使组织吸水达饱和状态（浸水时间因材料而定）。取出用吸水纸吸去表面的水分，立即放于已知质量的铝盒中称重，再浸入蒸馏水中一段时间后取出吸干表面水分称重，直至与上次质量相等为止。此即为植物组织在吸水饱和时的质量，称饱和鲜重 m_t。再依上述方法将样品烘干，求得样本干重 m_d。m_t-m_d 即为饱和含水量。

（2）计算植物组织相对含水量。

$$植物组织相对含水量=\frac{m_f-m_d}{m_t-m_d}\times100\%$$

【思考题】

测定饱和含水量时，植物组织在水中浸泡时间过短或过长会出现什么问题？

【参考文献】

1. 王学奎，黄见良 . 植物生理生化实验技术与原理［M］. 3 版 . 北京：高等教育出版社，2015.
2. 高俊山，蔡永萍 . 植物生理学实验指导［M］. 北京：中国农业大学出版社，2019.

实验 4　植物组织水势的测定

4–1　压力室法

【实验目的】

通过学习压力室水势测定仪的构造及使用方法，进一步理解植物体内的水分关系及其生理意义。

【实验原理】

短时间内阻止植物进行蒸腾作用时，叶片和木质部间有水分的宏观流动，达到动态平衡状态，于是叶片水势与木质部水势接近或相等。在正常情况下，由于叶片的蒸腾作用，木质部的液流常处于负压状态，当叶片从植株上剪下时，叶柄木质部内的液流由于木质部的负压而吸入内部。把叶片放入压力室，叶柄切口露在外面，给压力室施加足够的压力，当叶柄木质部内的液流被压回切口处时，所加的压力值等于切取叶片前木质部的负压估计值（平衡压），也就是叶片水势的估计值。

【实验材料与仪器设备】

1. 实验材料

植物新鲜叶片。

2. 仪器设备

压力室水势测定仪（图4–1）、剪刀、刀片、瓷盘（或塑料袋）、纱布、滤纸。

【实验步骤】

（1）从待测植株上剪取带叶小枝或带叶柄的叶片，用湿滤纸包住切口处，放入铺有湿纱布的瓷盘（或塑料袋）中，防止样品失水。

（2）把叶柄或茎切口处用刀片削去一薄层使切口成平滑表面。迅速将叶柄或茎切口端插入水势测定仪的橡皮塞孔隙中，使切口露出密封垫圈数毫米（以便观察），然后装入压力室的钢筒中，材料固定后，先将外侧的螺丝压制环套拧紧，再拧紧固定材料的橡皮塞密封垫圈。

对于无叶柄的禾谷类作物叶片，可用叶片中脉代替叶柄。即小心用刀片顺着中脉两侧将叶片与中脉分割一段（分割部分的叶片仍连在叶片上），并将分割部分回折起，使中脉突出，测定时，将分割部分的中脉插入水势测定仪的橡皮塞孔隙中，其他操作同上。

（3）将压力控制阀转向“加压”位，以50 kPa · s^{-1}的速度加压，在接近叶片水势时，加压速度变慢，以免加压过量。

（4）利用放大镜观察木质部汁流在切口处的出现。当加压至叶柄切口处出现水膜时，迅速关闭主控阀，并由精密压力表迅速读出压力值，此时的平衡压值即为样品叶细胞的水势值。

（5）将压力控制阀转向“排气”位放气，使压力表指针归零，扭动螺旋环套，取出叶片。

【注意事项】

仪器所用的精密压力表应经严格检验，用作压力室的钢筒以及其他各部分所能承受的

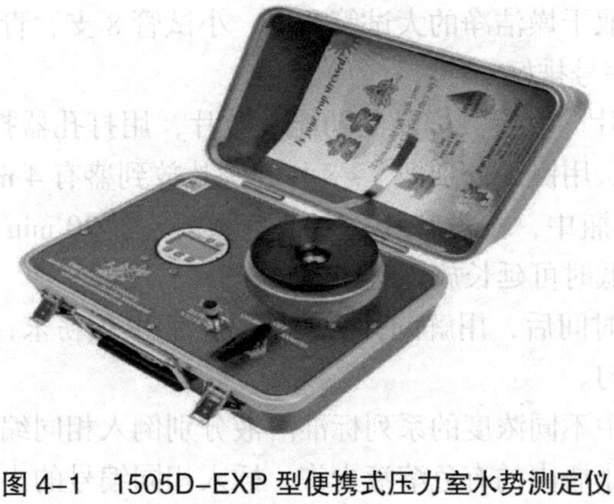

图4–1　1505D–EXP 型便携式压力室水势测定仪

压力也要精确检测，以防加压时有爆炸性危险。

4–2 小液流法

【实验目的】

了解水分在植物体内移动方向和移动速率，并进一步掌握水势的组成、概念及测定水势的生理意义。

【实验原理】

当植物组织与外液接触时，如果植物组织的水势低于外液的渗透势（溶质势），组织吸水、质量增大而使外液浓度变大；反之，则组织失水、质量减小而外液浓度变小；若两者相等，则水分交换保持动态平衡，组织质量及外液浓度保持不变。根据组织质量或外液浓度的变化情况即可确定与植物组织相同水势的溶液浓度，然后根据公式计算出溶液渗透势，即为植物组织的水势。溶液渗透势的计算：

$$\Psi_s = -icRT$$

式中，Ψ_s 为溶液的渗透势，以 MPa 为单位；R 为气体常数，为 0.008 314 [$\text{MPa}\cdot\text{L}\cdot(\text{mol}\cdot\text{K})^{-1}$]；$T$ 为热力学温度（K），即（$273+t$）K；c 为溶液的浓度，以 $\text{mol}\cdot\text{L}^{-1}$ 为单位；i 为解离系数，蔗糖为 1（$CaCl_2$ 为 2.6）。

【实验材料、仪器设备与试剂】

1. 实验材料

植物叶片或洋葱鳞茎。

2. 仪器设备

大试管、小试管、青霉素小瓶、移液管、毛细管、培养皿、打孔器、剪刀、镊子、解剖针。

3. 试剂

（1）亚甲蓝粉末。

（2）蔗糖溶液（或 $CaCl_2$ 溶液）　包括 0.05 $\text{mol}\cdot\text{L}^{-1}$、0.10 $\text{mol}\cdot\text{L}^{-1}$、0.20 $\text{mol}\cdot\text{L}^{-1}$、0.30 $\text{mol}\cdot\text{L}^{-1}$、0.40 $\text{mol}\cdot\text{L}^{-1}$、0.50 $\text{mol}\cdot\text{L}^{-1}$、0.60 $\text{mol}\cdot\text{L}^{-1}$、0.70 $\text{mol}\cdot\text{L}^{-1}$（或 0.10 $\text{mol}\cdot\text{L}^{-1}$、0.15 $\text{mol}\cdot\text{L}^{-1}$、0.20 $\text{mol}\cdot\text{L}^{-1}$、0.25 $\text{mol}\cdot\text{L}^{-1}$、0.30 $\text{mol}\cdot\text{L}^{-1}$、0.35 $\text{mol}\cdot\text{L}^{-1}$、0.40 $\text{mol}\cdot\text{L}^{-1}$、0.45 $\text{mol}\cdot\text{L}^{-1}$）8 种不同浓度的溶液。

【实验步骤】

（1）编号贴标签　取干燥洁净的大试管 8 支、小试管 8 支、青霉素小瓶 8 支、毛细管 8 支，编号贴标签，按序号排好。

（2）打取、浸泡叶片　取待测样品的功能叶数片，用打孔器打取叶圆片约 60 片，放在培养皿中，混合均匀。用镊子分别把 5 ~ 8 片叶圆片放到盛有 4 mL 不同浓度的蔗糖（或 $CaCl_2$）溶液的青霉素小瓶中，浸没叶片，盖紧瓶塞，放置 30 min，并不断轻摇小瓶，以加速水分平衡（如温度低时可延长放置时间）。

（3）染色　到预定时间后，用解剖针尖蘸取微量亚甲蓝粉末，加入各青霉素小瓶中，并摇动，使溶液染色均匀。

（4）测定　把试管中不同浓度的系列标准溶液分别倒入相同编号的小试管中，用毛细管吸取相同编号青霉素小瓶内的有色溶液少许，插入相同编号的小试管溶液中部，轻轻挤出有色溶液一小滴，小心取出毛细管（勿搅动有色液滴），观察有色液滴的升降情况，并记录于表 4-1 中。若有色液滴上升，表示浸过叶片的溶液浓度变小（即植物叶片组织中有水排出），说明植物叶片组织的水势大于该浓度溶液的溶质势；若有色液滴下降，则说明植物叶片组织的水势小于该浓度溶液的溶质势；若有色液滴静止不动，说明植物叶片组织的水势等于该浓度溶液的溶质势。若在前一浓度溶液中下降，而在后一浓度溶液中上升，则植物叶片组织的水势可取两种浓度溶液溶质势的平均值。

分别测定不同浓度中有色液滴的升降，找出与组织水势相当的浓度。记录实验时的温度，根据原理中的公式计算出组织水势。

表 4-1　小液流法观察记录表

蔗糖浓度 /（mol · L^{-1}）	0.05	0.10	0.20	0.30	0.40	0.50	0.60	0.70
$CaCl_2$ 浓度 /（mol · L^{-1}）	0.10	0.15	0.20	0.25	0.30	0.35	0.40	0.45
有色液滴移动方向								

【注意事项】

1. 所取材料在植株上的部位要一致，打取叶圆片要避开主脉和伤口。
2. 取材以及打取叶圆片的操作要迅速，以免失水。
3. 带结晶水的亚甲蓝不易溶于 $CaCl_2$ 溶液，可在 100℃下烘干成无水亚甲蓝粉末使用。
4. 毛细管尖端弯成直角，以保证从中出来的液滴不受向下力的影响。

【思考题】

用小液流法测定植物组织水势时，为什么强调所用试管、毛细管应保持干燥，打取叶圆片并投入试管中时动作应迅速，加入亚甲蓝不宜过多？

【参考文献】

1. 李小方，张志良 . 植物生理学实验指导［M］. 5 版 . 北京：高等教育出版社，2016.
2. 张治安，陈展宇 . 植物生理学实验技术［M］. 长春：吉林大学出版社，2012.
3. 高俊山，蔡永萍 . 植物生理学实验指导［M］. 北京：中国农业大学出版社，2019.

实验 5　植物细胞渗透势的测定

5-1　质壁分离法

【实验目的】

学习并了解植物细胞质壁分离发生的原因，以及在植物生理学中利用该现象进行的相关研究；掌握并利用植物细胞质壁分离法测定植物细胞渗透势的方法。

【实验原理】

将植物组织放入一系列不同浓度的蔗糖溶液中，经过一段时间，植物细胞与蔗糖溶液间将达到渗透平衡状态。如果在某一溶液中细胞脱水达到平衡时刚好处于临界质壁分离状态，则细胞的压力势（Ψ_p）将下降为零。此时细胞液的渗透势（Ψ_s）等于外液的渗透

势 Ψ_{s0}。此溶液称为该组织的等渗溶液，其浓度称为该组织的等渗浓度，即可计算出细胞液的渗透势（Ψ_s）。实际测定时，因为临界质壁分离状态难以在显微镜下直接观察到，所以一般均以初始质壁分离作为判断等渗浓度的标准。处于初始质壁分离状态的细胞体积，比吸水饱和时略小，故细胞液浓缩而渗透势略低于吸水饱和状态时的渗透势称基态渗透势。

【实验材料、仪器设备与试剂】

1. 实验材料

洋葱鳞茎、紫鸭跖草、丝状藻等。

2. 仪器设备

显微镜、载玻片、盖玻片、温度计、尖头镊子、刀片、培养皿（直径为 6 cm）、试剂瓶、吸水纸等。

3. 试剂

（1）1 mol · L^{-1} 蔗糖溶液　称取预先在 60 ~ 80℃下烘干的蔗糖 34.2 g 溶于 100 mL 蒸馏水中，即为 1 mol · L^{-1} 蔗糖溶液。

（2）0.3 g · L^{-1} 中性红溶液。

（3）蔗糖系列标准溶液　取干燥洁净的试剂瓶 9 支编号，用 1 mol · L^{-1} 蔗糖溶液依据 $C_1V_1 = C_2V_2$ 公式配制 0.30 mol · L^{-1}、0.35 mol · L^{-1}、0.40 mol · L^{-1}、0.45 mol · L^{-1}、0.50 mol · L^{-1}、0.55 mol · L^{-1}、0.60 mol · L^{-1}、0.65 mol · L^{-1}、0.70 mol · L^{-1} 等一系列不同浓度的蔗糖溶液（具体范围可根据材料不同而加以调整），贮于试剂瓶中，瓶口加塞以防蒸发浓缩。

【实验步骤】

（1）取干燥、洁净的培养皿 9 套编号，将配制好的不同浓度蔗糖溶液按顺序加入各培养皿，使之成一薄层，盖好皿盖备用。

（2）用镊子撕取（或用刀片刮取）供试材料的表皮，大小以 0.5 cm^2 为宜，迅速分别投入各种浓度的蔗糖溶液中，使其完全浸入，每一浓度 4 ~ 5 片。同时记录室温。为了便于观察，可先将切片于 0.3 g · L^{-1} 中性红溶液内染色 5 min 左右，吸去水分，再浸入蔗糖溶液中，但若不染色即能区别质壁分离时，仍以不染色为宜。

（3）5 ~ 10 min 后，取出表皮薄片放在滴有同样溶液的载玻片上，盖上盖玻片，于低倍显微镜下观察，如果所有细胞都产生质壁分离现象，则取低浓度溶液中的制片作同样观察，并记录质壁分离的相对程度。如果在两个相邻浓度的切片中，一个切片未发生质壁分离，另一个切片发生质壁分离的细胞数超过 50%，则这两个浓度的平均值为其等渗浓度。每一制片观察的细胞不应少于 100 个。检查时可先从中间浓度开始。

在找到上述浓度极限时，用新的溶液和新鲜的叶片重复进行几次，直至有把握确定为止。在此条件下，细胞的渗透势与两个极限溶液浓度之平均值的渗透势相等。

将结果记录于表 5–1 中。

表 5-1　植物细胞渗透势测定记录表

实验人__________　实验日期__________　材料名称__________　实验室温度__________

蔗糖浓度 / ($mol \cdot L^{-1}$)	渗透势 /MPa	质壁分离的相对程度（作图表示）
0.30		
0.35		
0.40		
0.45		
0.50		
0.55		
0.60		
0.65		
0.70		

（4）计算　由所得到的等渗浓度和测定的室温，用下式计算供试溶液的渗透势（Ψ_{s0}），即为细胞的渗透势（Ψ_s）。

$$\Psi_s = \Psi_{s0} = -icRT$$

式中，Ψ_{s0} 为供试溶液的渗透势（MPa）；i 为解离系数，蔗糖为 1；c 为供试溶液的浓度（$mol \cdot L^{-1}$）（以水作溶剂）；R 为气体常数，0.008 314 [$MPa \cdot L \cdot (mol \cdot K)^{-1}$]；T 为热力学温度 [$(273 + t)$ K]。

5-2　渗透势仪法

【实验目的】

通过对植物组织汁液渗透浓度的测定，进一步理解植物组织汁液渗透浓度与植物组织水势的关系，理解植物体内的水分关系及其生理意义。

【实验原理】

冰冻法提取植物组织汁液：当植物组织达到冰点时，冰晶从液泡和细胞壁不断生长，破坏了细胞膜的连续性。当组织升温融化时，由于细胞已被破坏，液泡液从细胞流出与质外体中的溶液混合，这时可用离心法将植物组织汁液取出。一般认为冰冻法提取的植物组织汁液渗透浓度代表了液泡液的渗透浓度。

溶液的冰点下降是指在一定的浓度范围内，与纯水相比溶液的冰点下降仅与溶质的颗粒数（或浓度）有关，而与溶质的种类无关。以水溶液为例，一般规定纯水的冰点（在 1 标准大气压下）为 0℃，任何水溶液的冰点则低于 0℃。如测到了水溶液的冰点下降为 $\triangle T$，则溶液的浓度 c 可由公式来确定：

$$c = \Delta T / K_f$$

式中，$K_f = 1.86$ ℃ $\cdot L \cdot mol^{-1}$，为水的摩尔冰点下降常数。

溶液渗透势仪（Osmomat 30）是通过冷阱对测定管中的预测溶液降温使之凝固，而其温度变化由一个插入预测溶液温度的传感器来完成（图 5-1）。溶液的温度下降至凝固点时，温度停止下降直至溶液全部凝固为止。该温度变化的特性线被温度传感器转成电信号而由仪器内的电脑进行分析，确定预测溶液的凝固点，再由方程计算出植物组织汁液的渗透浓度。

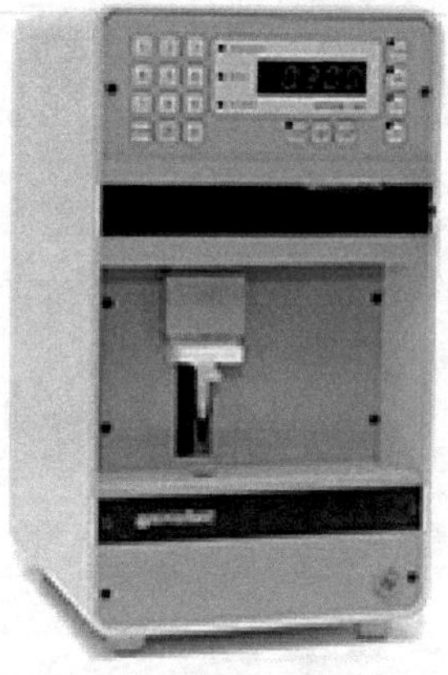

图 5–1　溶液渗透势仪（Osmomat 30）

【实验材料与仪器设备】

1. 植物材料

不同干旱处理的玉米、大豆等新鲜植物材料。

2. 仪器设备

溶液渗透势仪（Osmomat 30）、冰箱、离心机、微量进样器、1.5 mL 离心管、测定管、剪刀。

【实验步骤】

（1）分别取对照及各种处理的玉米各 4 株，每株取同位叶片 1 片，剪成 5 mm 左右的小段。每种处理的叶段分别装入过滤管中，将装有材料的过滤管放入 1.5 mL 离心管中盖好盖子，做上标记放入 –20℃冰箱处理 3 h。

（2）材料取出后在常温下解冻 20 min。

（3）将放有过滤管的 1.5 mL 离心管放入离心机中离心，4 000 $r \cdot min^{-1}$ 离心 5 min，叶段的汁液收集在离心管中。

（4）用微量进样器将上述汁液移入测定管中。每个处理取 2 支测定管，每支测定管注入 30 μL。

（5）用 Osmomat 30 溶液渗透势仪测定植物组织汁液的渗透势。

（6）计算

$$\Psi_s = cRT$$

式中，Ψ_s 是渗透势（MPa）；T 是热力学温度［（273 + t）K］；R 是气体常数 0.008 314［$MPa \cdot L \cdot (mol \cdot K)^{-1}$］；$c$ 是溶液的浓度（$mol \cdot L^{-1}$）。

【思考题】

1. 某种植物叶片吸水饱和时的渗透势经测定为 –0.8 MPa，又用质壁分离法测出其渗透势为 –0.9 MPa，请计算质壁分离状态的细胞液体积相当于饱和时的百分数。

2. 讨论不同处理对玉米叶片水势及对叶肉细胞渗透势的影响。

【参考文献】

1. 李小方，张志良．植物生理学实验指导［M］．5 版．北京：高等教育出版社，2016.

2. 王学奎，黄见良．植物生理生化实验技术与原理［M］．3 版．北京：高等教育出版社，2015.

实验 6　环境因子对植物吐水现象的影响

【实验目的】

通过展示植物水分散失的方式——吐水现象，以及与环境条件的关系，进一步了解影响植物吐水现象的环境因素。

【实验原理】

植物在正常生长状况下，从叶的尖端或者叶的边缘、叶脉终止部位的水孔排出水滴，这种现象称为吐水。这是一种由根压产生的正常生理现象，外界的环境条件，如温度、湿度、土壤溶液的水势，以及根系的损伤等都会影响幼苗的吐水。

【实验材料、仪器设备及试剂】

1. 实验材料

生长一周的小麦、玉米幼苗。

2. 仪器设备

玻璃罩、塑料花盆、培养皿、滤纸、圆形玻璃缸。

3. 试剂

100 g · L^{-1} NaCl 溶液　称取 10 g NaCl 溶解于 90 mL 蒸馏水中，定容至 100 mL。

【实验步骤】

（1）实验材料的准备　实验前一周在塑料花盆中种植小麦、玉米幼苗；或在铺有滤纸或沙子的培养皿中培育幼苗。

（2）湿度对植物吐水的影响　实验前 5 h，将玻璃罩罩在种有小麦幼苗的培养皿上，罩内空气由于植物叶片蒸腾水分而使湿度增加，蒸腾作用因而减弱，植物即开始吐水来排出多余的水分，观察幼苗吐水现象，记录实验结果。

（3）低温对植物吐水的影响　在圆形玻璃缸中放入冰块或用冰水直接浇灌，将栽有小麦幼苗的培养皿放置其中，用滤纸吸去幼苗上的水滴，罩上玻璃罩，观察吐水情况，记录实验结果。

（4）降低土壤溶液水势对吐水的影响　先将栽有小麦幼苗培养皿中的水分全部倒去，然后加入 100 g · L^{-1} NaCl 溶液，使溶液浸没根部。再用滤纸吸净幼苗上的水滴，罩上玻璃罩，观察现象，记录实验结果。

【注意事项】

1. 首先培育生长健壮的幼苗。

2. 在对幼苗进行处理前，一定要用滤纸吸净其上面的水滴。

【思考题】

1. 研究吐水现象在农业生产上有何意义？

2. 吐水的多少受哪些环境因子影响？

【参考文献】

1. 邹琦 . 植物生理学实验指导［M］. 北京：中国农业出版社，2000.

2. 张治安，陈展宇 . 植物生理学实验技术［M］. 长春：吉林大学出版社，2012.

实验 7 植物伤流含量的测定

【实验目的】

伤流液的成分和伤流量不仅是植物水分状况的指标，也是了解根系活性以及根内物质代谢的重要参考，通过学习植物伤流含量的测定，掌握用伤流法评价栽培技术和品种特性的方法。

【实验原理】

伤流是根系主动吸水的表现，当把地上部分切去时，在伤口处就会有液体流出，这种现象称为伤流现象，流出来的液体为伤流液，各种植物伤流量是不同的。用脱脂棉吸收植物伤流液，根据在单位时间内质量的增加量计算伤流量。

【实验材料与仪器设备】

1. 实验材料

小麦、水稻、玉米等新鲜植物。

2. 仪器设备

电子天平、脱脂棉、棉线、刀片、塑料薄膜、烙铁、玻璃纸。

【实验步骤】

（1）根据测定植株茎的粗细，将塑料薄膜粘合成为一头封口的塑料套。方法是剪取大小适合的塑料薄膜，把要封合处折叠好，上面盖一玻璃纸，用热烙铁在上面热压移动一次，即可粘成一头封死的套（也可将塑料薄膜要封合处包折在钢条锯齿一边在酒精灯上热合而成）。检查不漏气方可使用。

（2）将脱脂棉装入塑料套内，连同绑扎用的棉线一起称重。

（3）在茎基部 3 ~ 5 cm 处，用刀片将茎切断，迅速将塑料套套在切口上，使切口与脱脂棉紧密接触，套口处用棉线扎好。

（4）经一定时间后（视伤流量而定），取下塑料套，立即用原棉线扎紧套口防止蒸发，然后称重。由两次质量差和时间即可计算出伤流量（$mg \cdot h^{-1}$），如测出伤口面积，也可折算成单位切口面积单位时间的伤流量，可用 $mg \cdot h^{-1} \cdot cm^{-2}$ 表示。

【注意事项】

在以上两种测定伤流量的过程中，都要遮挡直射阳光的照射，避免蒸发的影响。另外，要防止外界异物如尘土等的影响。

【思考题】

1. 伤流量的大小受哪些环境因子影响？

2. 比较不同植物的伤流量。

【参考文献】

1. 李小方，张志良 . 植物生理学实验指导［M］. 5 版 . 北京：高等教育出版社，2016.

2. 张治安，陈展宇 . 植物生理学实验技术［M］. 长春：吉林大学出版社，2012.

实验 8　离体称重法测定叶片的蒸腾速率

【实验目的】

学习并了解蒸腾作用在植物生长发育中的作用以及发生机制。掌握蒸腾速率的测定方法。

【实验原理】

离体的植物叶片由于蒸腾失水而减轻质量，利用快速称重法可准确地测出单位时间内单位叶面的质量变化，由此算出该组织的蒸腾速率。

【实验材料、仪器设备】

1. 实验材料

玉米、水稻、大豆等新鲜植物组织。

2. 仪器设备

50 mg（或 100 mg）扭力天平、叶面积仪、打孔器、剪刀、镊子、瓷盘、纱布、秒表、游标卡尺。

【实验步骤】

（1）在田间或室内选择测定地点安装并调试扭力天平。

（2）用打孔器（1 cm 左右）取样（或用剪刀剪取），迅速放入秤盘，开启天平，逆时针转动读数旋钮，同时注意观察检验指针，当检验指针与检验线重合时，读数指针在刻度盘上的指示值即是样品第一次称重质量（第一次读数）。从取样起到第一次读数，用秒表准确计时，必须在 1 min 内完成。在读数时，为防止风吹的干扰，应把计量盒关上。在第一次读数后，关上天平，打开计量盒，以便样品进行蒸腾。

（3）在第一次读数后约 2.5 min 时，开始准备第二次读数。开启天平，关闭计量盒，逆时针转动读数旋钮，同时注意观察检验指针，当到第 3 min 时，使检验指针与检验线重合，这时读数指针在刻度盘上的指示值即为样品的第二次称重质量。关闭天平，取下样品。若为非打孔器取样时，再用叶面积仪测定叶面积。

（4）计算　由两次称重质量差、叶面积及历时计算蒸腾速率 Q（$mg \cdot m^{-2} \cdot s^{-1}$）。

$$Q = \frac{m_A - m_B}{tS}$$

式中，m_A、m_B 分别为第一次称重质量和第二次称重质量（mg）；t 为历时（s），即 3×60；S 由打孔器直径（用游标卡尺准确测定）得叶圆片半径 r（cm），算出面积（m^2）：$S = \pi r^2 \times 10^{-4}$。

当用剪刀取样不测面积时，也可以质量为基础计算蒸腾速率 Q（$mg \cdot g^{-1} \cdot s^{-1}$）。

$$Q = \frac{m_A - m_B}{tm_A}$$

即以第一次称重质量（g）为基础计算。

【思考题】

测定植物叶片蒸腾速率有哪些方法，比较其优缺点？

【参考文献】

1. 邹琦．植物生理学实验指导［M］．北京：中国农业出版社，2000.

2. 张治安，陈展宇．植物生理学实验技术［M］．长春：吉林大学出版社，2012.

实验 9 植物的溶液培养及缺素培养

【实验目的】

掌握植物的溶液培养法，了解植物缺素症状。

【实验原理】

溶液培养法是鉴别各种矿质元素是否为植物必需元素的主要方法，有目的地配制各种缺乏某种矿质元素的培养液，观察植物在这些培养液中所表现出来的症状，加深对各种矿质元素生理作用及缺素症状的认识。

【实验材料、仪器设备与试剂】

1. 实验材料

玉米、水稻等幼苗。

2. 仪器设备

5 mL 移液管、1 mL 移液管、1 000 mL 量筒、培养瓶、脱脂棉、pH 试纸。

3. 试剂

硝酸钾、硫酸镁、磷酸二氢钾、硫酸钾、硝酸钠、磷酸二氢钠、硫酸钠、硝酸钙、氯化钙、硫酸亚铁、硼酸、硫酸锰、硫酸铜、硫酸锌、钼酸、氢氧化钠、盐酸、乙二胺四乙酸二钠（EDTA-2Na）。

【实验步骤】

（1）配制各种大量元素及微量元素的储备液（母液），用蒸馏水按表 9-1 配制。

表 9-1 大量元素及微量元素配制表

大量元素		微量元素	
药品名称	质量浓度 /（$g \cdot L^{-1}$）	药品名称	质量浓度 /（$g \cdot L^{-1}$）
$Ca(NO_3)_2 \cdot 4H_2O$	236	H_3BO_3	2.860
KNO_3	102	$MnSO_4$	1.015
$MgSO_4 \cdot 7H_2O$	98	$CuSO_4 \cdot 5H_2O$	0.079
KH_2PO_4	27	$ZnSO_4 \cdot 7H_2O$	0.220
K_2SO_4	88	H_2MoO_4	0.090
$CaCl_2$	111		
NaH_2PO_4	24		
$NaNO_3$	170		
Na_2SO_4	21		
EDTA-2Na	7.45		
$FeSO_4 \cdot 7H_2O$	5.57		

配备以上储备液后，再按表9-2配成完全培养液和缺乏某种元素的培养液（用蒸馏水配制）。营养液配好后，测定每瓶溶液的pH，用0.1 mol · L^{-1} NaOH或0.1 mol · L^{-1} HCl调节pH至5～6。

（2）将以上配制的培养液各800 mL分别加入培养瓶中，如果培养瓶是透明的，瓶外加黑色蜡纸套（黑面向内），并用打了孔的盖子盖上，然后将具有3片叶的玉米幼苗植株用脱脂棉通过小孔固定在盖子上，使整株根系浸入培养液中，装好后将培养瓶置于阳光充足、温度适宜（20～25℃）的地方。在盖子与溶液之间应保留一定空隙，以利通气。

表9-2　完全培养液及缺素培养液配方

储备液	每1 000 mL培养液中储备液的用量/mL						
	完全	缺N	缺P	缺K	缺Ca	缺Mg	缺Fe
$Ca(NO_3)_2$	5	—	5	5	—	5	5
KNO_3	5	—	5	—	5	5	5
$MgSO_4$	5	5	5	5	5	—	5
KH_2PO_4	5	5	—	—	5	5	5
K_2SO_4	—	5	5	—	—	—	—
$CaCl_2$	—	5	—	—	—	—	—
NaH_2PO_4	—	—	—	5	—	—	—
$NaNO_3$	—	—	—	5	5	—	—
Na_2SO_4	—	—	—	—	—	5	—
$FeSO_4$	5	5	5	5	5	5	—
微量元素	1	1	1	1	1	1	1

（3）实验开始后每两天观察一次，打气，若培养液的液面降低，需要加培养液补足。要经常补充空气。

（4）密切观察并记录各处理玉米的生长情况、各种缺素症状和发展，填写表9-3。

表9-3　植物生长状况记载表

时间/d	处理（生长情况、缺素症状）						
	完全	缺N	缺P	缺K	缺Ca	缺Mg	缺Fe
2							
4							
6							
8							
10							
12							
14							
16							

【思考题】

为什么说无土培养是研究植物矿质营养的重要方法？

【参考文献】

1. 王学奎，黄见良．植物生理生化实验技术与原理［M］．3 版．北京：高等教育出版社，2015.
2. 高俊山，蔡永萍．植物生理学实验指导［M］．北京：中国农业大学出版社，2019.

第三章　植物的矿质营养

实验 10　植物组织中磷的测定

10-1　钒钼黄比色法

【实验目的】

掌握植物组织中磷的测定方法，了解磷对植物生长发育的作用。

【实验原理】

植物样经浓硫酸和过氧化氢消煮分解后，材料中的有机磷转变为无机正磷酸，并与钼酸盐在酸性条件下形成黄色的杂聚化合物钒钼酸盐。溶液黄色，较为稳定，其深浅与磷含量成正比，可用比色法测定其含量。

【实验材料、仪器设备与试剂】

1. 实验材料

豌豆根系、叶片、茎。

2. 仪器设备

分光光度计、消煮炉、分析天平、消煮管、弯颈漏斗、容量瓶、锥形瓶。

3. 试剂

（1）钒钼酸铵试剂　将 12.5 g 四水钼酸铵溶于 200 mL 水中。将 0.625 g 偏钒酸铵溶于 150 mL 沸水并冷却，加 125 mL 浓硝酸，冷却至室温。将钼酸铵溶液加入钒酸铵溶液中，搅拌并用水稀释至 500 mL。

（2）6 $mol \cdot L^{-1}$ NaOH 溶液　称取 24 g 氢氧化钠溶于 100 mL 水中。

（3）2,4- 二硝基酚指示剂　称取 0.25 g 2,4- 二硝基酚溶于 100 mL 水中。

（4）浓 H_2SO_4（分析纯）。

（5）300 $g \cdot L^{-1}$ H_2O_2 溶液。

（6）50 $\mu g \cdot mL^{-1}$ 磷标准溶液　称取 0.219 5 g 烘干（105℃，2 h）KH_2PO_3（优级纯）用水溶解，加入 5 mL 浓 H_2SO_4，加水定容至 1 L。移入塑料瓶中，低温保存备用。

【实验步骤】

（1）消化及测定　将 0.3 g 烘干粉碎的豌豆根系置于消煮管中，用少量水湿润样品后加 5 mL 浓 H_2SO_4，摇匀，瓶口放弯颈漏斗，逐滴加 300 $g \cdot L^{-1}$ H_2O_2 溶液 10 滴，待消煮炉温度升高至 370℃，将消煮管放至消煮炉上消煮，当溶液呈棕黑色时，取下消煮管，稍冷后，逐滴加 300 $g \cdot L^{-1}$ H_2O_2 溶液 10 滴，摇动消煮管，置消煮炉加热至微沸后 10 ~ 20 min，取下稍冷却后，再加入 H_2O_2 溶液 5 ~ 10 滴，摇匀后再消煮，如此重复 3 ~ 5 次，至消煮液呈无色或清亮色后，再加热 5 ~ 10 min，以除尽过量的 H_2O_2，冷却后，用少量水冲洗漏斗，洗液入容量瓶，定容至 100 mL，过滤。空白实验除不加试样外其余操作均相同。

取滤液 20 ~ 25 mL 于 50 mL 锥形瓶中，加 2,4– 二硝基酚指示剂 2 滴后，加 6 mol · L^{-1} NaOH 溶液至滤液呈黄色，再加钒钼酸铵试剂 10 mL 后用水定容。静置 15 min 后，以空白实验做参比在 450 nm 波长下测定吸光度。

（2）标准曲线绘制　分别吸取 50 μg · mL^{-1} 磷标准溶液 0 mL、1.0 mL、2.0 mL、4.0 mL、6.0 mL、8.0 mL 于 50 mL 容量瓶中，其余操作同上述消化和测定步骤。绘制标准曲线。

（3）计算

$$全磷含量 = c \times V \times ts \times \frac{10^{-6}}{m} \times 100\%$$

式中，c 为从标准曲线上查得显色液磷的质量浓度（μg · mL^{-1}）；V 为显色液体积（mL）；ts 为稀释倍数；m 为干物质质量（g）。

10–2　钼锑抗比色法

【实验目的】

掌握植物组织中磷的测定方法，了解磷对植物生长发育的作用。

【实验原理】

植物样经浓硫酸和过氧化氢消煮分解后，材料中的有机磷转变为无机正磷酸，并与钼酸盐在酸性条件下形成锑磷钼杂多化合物，它在常温下可迅速被抗坏血酸还原为钼蓝，其深浅与磷含量成正比，可用比色法测定其含量。

【实验材料、仪器设备与试剂】

1. 实验材料

豌豆根系、叶片、茎。

2. 仪器设备

分光光度计、消煮炉、分析天平、消煮管、弯颈漏斗、锥形瓶、容量瓶。

3. 试剂

（1）浓 H_2SO_4（分析纯）。

（2）300 g · L^{-1} H_2O_2 溶液。

（3）2,4– 二硝基酚指示剂　将 0.25 g 二硝基酚溶于 100 mL 水中。

（4）4 mol · L^{-1} NaOH 溶液　将 16.0 g NaOH 溶解于 100 mL 水中。

（5）磷标准溶液（50 μg · mL^{-1}）　将 0.219 5 g 烘干（105℃，2 h）KH_2PO_3（优级纯）用水溶解，加入 5 mL 浓 H_2SO_4，加水定容至 1 L。移入塑料瓶中，低温保存备用。

（6）钼锑抗试剂　将 10.0 g 钼酸铵溶于 450 mL 水中，缓慢加入 153 mL 浓 H_2SO_4，再加 100 mL 5 g · L^{-1} 酒石酸锑钾溶液，冷却后定容至 1 L，贮存于棕色试剂瓶中，此为钼锑储备液。将 1.5 g 左旋抗坏血酸溶于 100 mL 钼锑储备液中（现配现用），即为钼锑抗试剂。

【实验步骤】

（1）植物样品中磷的测定　将 0.3 g 烘干粉碎的豌豆根系置于消煮管中，加少量水湿润后加 5 mL 浓 H_2SO_4，摇匀，瓶口放弯颈漏斗，逐滴加 300 g · L^{-1} H_2O_2 溶液 10 滴，待消煮炉温度升高至 370℃，将消煮管放至消煮炉上消煮，当溶液呈棕黑色时，取下消煮管，稍冷后，逐滴加 300 g · L^{-1} H_2O_2 溶液 10 滴，摇动消煮管，于消煮炉加热至微沸后 10 ~ 20 min，取下冷却后，再加入 H_2O_2 溶液 5 ~ 10 滴，摇匀后再消煮，如此重复 3 ~ 5 次，至消煮液呈无色或清亮色后，再加热 5 ~ 10 min，以除尽过量的 H_2O_2，冷却后，用少量水冲洗漏斗，洗液入瓶，定容至 100 mL，过滤。空白实验除不加试样外其余操作均相同。

取滤液 1 ~ 5 mL 于 50 mL 锥形瓶中，用水稀释至 30 mL，加 2,4– 二硝基酚指示剂 2 滴后，加 4 mol · L^{-1} NaOH 溶液至溶液变黄色，再加 H_2SO_4 使黄色褪去，溶液 pH 达 3.0。加钼锑抗试剂 5 mL，并用水定容至 50 mL，摇匀后静置 30 min，以空白实验做参比于 880 nm 或 700 nm 波长下测定吸光度。

（2）标准曲线绘制　分别吸取 50 μg · mL^{-1} 磷标准溶液 0 mL、1.0 mL、2.0 mL、4.0 mL、6.0 mL、8.0 mL 于容量瓶中，加水至 30 mL。取空白实验定容后的消煮液 5 mL，调节 pH 至 3。加 5 mL 钼锑抗试剂，定容至 50 mL，混匀。静置 30 min 后在 880 nm 或 700 nm 波长下测定吸光度，绘制标准曲线。

（3）计算

$$\text{全磷含量} = c \times V \times ts \times \frac{10^{-6}}{m} \times 100\%$$

式中，c 为从标准曲线上查得显色液磷的质量浓度（μg · mL^{-1}）；V 为显色液体积（mL）；ts 为稀释倍数；m 为干物质质量（g）。

【注意事项】

消煮过程中要除尽 H_2O_2。

【思考题】

1. 植物体内磷的主要存在形态是什么？
2. 植物不同器官磷的含量是否相同？

【参考文献】

1. 鲍士旦 . 土壤农化分析［M］. 北京：中国农业出版社 . 1999.

2. 李萍，李明明，王浩，等 . 改良钼锑抗比色法测定不同谷子材料组织磷含量［J］. 激光生物学报，2020，29（3）：237–244.

实验 11　植物叶片中钾、钠、铁、铜、镉、锰的测定——原子吸收分光光度法

【实验目的】

了解钾、钠、铁、铜、镉、锰对植物生长发育的影响，掌握原子吸收分光光度法定量测定植物组织中金属元素含量的方法。

【实验原理】

每种元素的原子能够吸收其特定波长的光能，而吸收的能量值与光路中该元素的原子数目成正比。用特定波长的光照射这些原子，测量该波长的光被吸收的程度，用标准溶液制成校正曲线。根据被吸收的光量求出被测元素的含量。原子吸收分光光度法的测量对象是呈原子状态的金属元素和部分非金属元素，系由待测元素灯发出的特征谱线通过供试品经原子化产生的原子蒸气时，被蒸气中待测元素的基态原子所吸收，通过测定辐射光强度减弱的程度，求出供试品中待测元素的含量。

当光源发射的某一特征波长的辐射通过原子蒸气时，被原子中的外层电子选择地吸收，透过原子蒸气的入射辐射强度减弱，其减弱程度与蒸气相中该元素的基态原子浓度成正比。

当实验条件一定时，蒸气相中的原子浓度与试样中该元素的含量（浓度）成正比。因此，入射辐射减弱程度与该元素的含量（浓度）成正比，故吸光度与溶液浓度成正比，符合朗伯 – 比尔吸收定律。

$$A = \lg\frac{I_0}{I} = \lg\frac{1}{I} = KcL$$

式中，A 为吸光度；I 为透射原子蒸气吸收层的透射辐射强度；I_0 为入射辐射强度；L 为原子吸收层的厚度；K 为吸收系数；c 为样品溶液中被测元素的浓度。

原子吸收分光光度法就是根据物质产生的原子蒸气对特定波长光的吸收作用来进行定量分析的。

【实验材料、仪器设备与试剂】

1. 实验材料

葡萄叶片。

2. 仪器设备

原子吸收分光光度计、研钵、消煮炉、消煮管、滤纸、移液枪等。

3. 试剂

（1）各元素标准母液（1 000 $\mu g \cdot mL^{-1}$）。

（2）0.5 $mol \cdot L^{-1}$ HNO_3 溶液　将 33 mL HNO_3 加水稀释并定容至 1 L。

（3）11.962 $mol \cdot L^{-1}$ HCl 溶液。

（4）硝酸：高氯酸 = 4：1。

（5）标准储备液　吸取各标准溶液 10 mL 于 100 mL 容量瓶中，铁、铜、镉、锰用 0.5 $mol \cdot L^{-1}$ HNO_3 溶液稀释定容。钾、钠用 11.962 $mol \cdot L^{-1}$ HCl 溶液稀释定容。

【实验步骤】

（1）样品提取及消化　取葡萄叶片清洗干净，用滤纸吸干表面水分，研磨成匀浆，将 1 ~ 5 g 于消煮管中，加 25 mL 混合酸（HNO_3：$HClO_4$ = 4：1），加盖浸泡过夜，置于消煮炉上加热消解，产生大量棕色气体后，减小火力至微沸状态，并保持至棕色气体消失，溶液变澄清并冒白烟为止，冷却。将消解液移入 10 mL 容量瓶中，用水清洗消煮管多次，合并洗液至容量瓶中，加水定容至刻度，空白实验不加植物材料，其余操作均相同。

（2）标准曲线的绘制及样品测定　将标准储备液配制成不同浓度梯度的标准稀释液，按照各元素测定条件（表 11–1）上机测定（灯位置、灯电流均按照仪器说明调至最佳）。并绘制标准曲线，然后逐一测定空白及样品。

表 11-1 各元素测定条件

	钾	钠	铁	锰	铜	镉
波长 /nm	766.5	589.0	248.3	279.5	324.8	228.8
仪器狭缝 /nm	0.2	0.2	0.2	0.2	0.5	0.5

（3）计算

$$X=(c-c_0)\times V\times ts\times\frac{1}{m\times 1\,000}$$

式中，X 为样品中测定元素含量（$mg\cdot g^{-1}$）；c 为样品中测定元素的质量浓度（$mg\cdot L^{-1}$）；c_0 为空白样品测定元素的质量浓度（$mg\cdot L^{-1}$）；V 为样品体积（mL）；ts 为稀释倍数；m 为取样量（g）；1 000 为将 L 换算成 mL。

【注意事项】

1. 样品须消化完全。若样品未消化完全，可滴加混合酸继续消煮，直至完全消化。

2. 以上元素均有最低检测限度，若低于该限度则检测不出。钾为 0.05 $\mu g\cdot mL^{-1}$、钠为 0.05 $\mu g\cdot mL^{-1}$、铁为 0.2 $\mu g\cdot mL^{-1}$、锰为 0.1 $\mu g\cdot mL^{-1}$、铜为 0.001 6 $\mu g\cdot mL^{-1}$、镉为 0.1 $\mu g\cdot mL^{-1}$。

【思考题】

1. 各金属离子对植物的生长发育有何意义？

2. 钾离子、钠离子具有哪些生理功能，在逆境胁迫中起什么作用？

【参考文献】

1. 张辉，唐杰 . 原子吸收光谱法测定蔬菜中的铁、锰、铜、铅和镉［J］. 光谱实验室，2011，28（1）：72.

2. 施海涛 . 植物逆境生理学实验指导［M］. 北京：科学出版社，2016.

实验 12 植物叶片中钙的测定——EDTA 法

【实验目的】

学习并掌握使用 EDTA 法测定植物材料中钙离子含量。

【实验原理】

在强碱溶液（pH≥12.5）中，Mg^{2+} 生成 $Mg(OH)_2$ 形成沉淀，用乙二胺四乙酸二钠（EDTA-2Na）单独与 Ca^{2+} 作用会生成无色稳定的络合物。钙红指示剂在相同条件下，也能与 Ca^{2+} 形成酒红色络合物，但其稳定性不如 Ca^{2+} 和 EDTA 形成的无色络合物。当在有钙指示剂存在的含 Ca^{2+} 溶液中滴入 EDTA 溶液，过量滴定液能夺取红色络合物中的 Ca^{2+} 而使钙指示剂游离，溶液从酒红色变为蓝色，即为终点。

【实验材料、仪器设备与试剂】

1. 实验材料

植物组织材料。

2. 仪器设备

容量瓶、滴定管、移液管、150 mL 锥形瓶、电炉、电子天平、烘箱、研钵、烧杯。

3. 试剂

（1）钙标准溶液 1、标准溶液 2　$CaCO_3$ 在烘箱中 180 ℃灼烧 4 h，取出置于干燥器中。冷却至室温后，准确称取 4.993 9 g、2.503 9 g，用重蒸水分别溶解，转入 1 000 mL、500 mL 容量瓶中，摇匀，放置一昼夜，稀释至刻度，则其 Ca^{2+} 含量分别为 1.999 7 mg · mL^{-1}、2.005 3 mg · mL^{-1}。

（2）0.02 mol · L^{-1} EDTA 溶液　称 6.72 g 乙二胺四乙酸二钠溶于水中，分别用钙标准溶液 1 和钙标准溶液 2 标定。

（3）钙指示剂（液体指示剂）　称取 0.5 g 钙指示剂（钙红），溶解于 50 mL 丙酮中，加 50 mL 水，摇匀，贮于棕色瓶中备用。

（4）6 mol · L^{-1} HCl 溶液。

（5）2 mol · L^{-1} NaOH 溶液。

（6）三乙醇胺。

【实验步骤】

（1）取适量植物材料，洗净烘干，研碎。称取 0.6 g 植物粉末，放入小烧杯中，加入 10 mL 6 mol · L^{-1} HCl 溶液，微火加热将其溶解，然后将溶液转入 250 mL 容量瓶中，用去离子水定容至刻度，待测。

（2）用移液管移取 25 mL 待测溶液，转入 150 mL 锥形瓶中，加入 10 mL 2 mol · L^{-1} NaOH 溶液调节 pH≥12.5，充分摇匀，加入适量三乙醇胺，再加 5 滴钙指示剂，用 EDTA 溶液适量滴定后，再补加 2 mol · L^{-1} NaOH 溶液 2 mL，继续滴定至酒红色突变为蓝色即为终点，记录 EDTA 溶液的用量。

（3）计算　样品中 Ca^{2+} 含量依下式计算：

$$Ca^{2+}\text{含量}=\frac{c_1 \cdot V_1 \cdot m}{V_0}$$

式中，c_1 为 EDTA 溶液的浓度（mol · L^{-1}）；V_1 为 EDTA 溶液的滴定用量（mL）；m 为钙原子的摩尔质量（g · mol^{-1}）；V_0 为样品溶液的体积（mL）。

【注意事项】

采用三乙醇胺替代 KCN 以掩蔽样品中 Fe^{2+} 等的干扰。加入的 NaOH 若过量，易使溶液浑浊现象严重，还会吸附指示剂，不易辨色。

【思考题】

Ca^{2+} 在植物体内的主要生理作用是什么？

【参考文献】

李栋婵，孙柏，邓天龙 . EDTA 容量法测定钙方法的优化研究［J］. 广东微量元素科学，2007，14（1）：56-59.

实验 13　植物体内硝酸还原酶活性的测定

【实验目的】

了解硝酸还原酶的生理作用，掌握硝酸还原酶活性的测定方法。

【实验原理】

硝酸还原酶是植物氮素同化的关键酶，它将植物吸收的硝酸盐还原为亚硝酸盐，其与对氨基苯磺酸（或对氨基苯磺酰胺）及α–萘胺（或萘基乙烯二胺）在酸性条件下定量生成红色偶氮化合物。该红色偶氮化合物在540 nm处有最大吸收峰，可用分光光度法测定。硝酸还原酶活性可由产生的亚硝态氮的量来表示。

13–1　离　体　法

【实验材料、仪器设备与试剂】

1. 实验材料

豌豆或葡萄叶片等。

2. 仪器设备

分析天平、冰箱、恒温水浴锅、研钵、离心管、移液枪、试管、低温高速离心机、分光光度计。

3. 试剂

（1）磷酸盐缓冲液　将30.090 5 g $Na_2HPO_4 \cdot 12H_2O$ 与2.496 5 g $NaH_2PO_4 \cdot 2H_2O$ 加去离子水溶解后，定容至1 000 mL，即为0.1 mol · L^{-1} pH 7.5的磷酸盐缓冲液。

（2）对氨基苯磺酸溶液　将1.0 g对氨基苯磺酸溶于100 mL 3 mol · L^{-1} HCl溶液中（量取浓HCl 25 mL，用蒸馏水定容至100 mL），即为10 g · L^{-1} 对氨基苯磺酸溶液。

（3）亚硝态氮标准溶液　将0.985 7 g $NaNO_2$ 溶于水后定容至1 L，取5 mL定容至1 L，即为含亚硝态氮的1 μg · mL^{-1} 标准溶液。

（4）α–萘胺溶液　将0.2 g α–萘胺溶于25 mL无水乙酸中，用水定容至100 mL，即为2 g · L^{-1} α–萘胺溶液。

（5）KNO_3 缓冲液　将2.527 5 g KNO_3 溶于250 mL 0.1 mol · L^{-1} pH 7.5的磷酸盐缓冲液（现配现用）。

（6）辅酶Ⅰ（NADH）溶液　将4 mg NADH溶于2 mL 0.1 mol · L^{-1} pH 7.5的磷酸盐缓冲液（现配现用）。

（7）提取缓冲液　将0.610 0 g半胱氨酸、1.860 0 g EDTA–2Na溶于250 mL 0.1 mol · L^{-1} pH 7.5的磷酸盐缓冲液，用KOH调节pH为7.5，并定容至1 L。

【实验步骤】

（1）称取0.5 g葡萄鲜叶片，在低温冰箱中冷冻30 min后，置于研钵中加少许石英砂、4 mL提取缓冲液冰浴研磨成匀浆，移入离心管至低温高速离心机，在4℃下离心（4 000 r · min^{-1}，30 min）。

（2）取上清液0.4 mL于试管中，分别加入1.2 mL KNO_3 缓冲液、0.4 mL NADH溶液，

于 27℃ 水浴 30 min 后，加入 4 mL 对氨基苯磺酸溶液终止反应，再加 4 mL α- 萘胺溶液，室温显色 15 min 后离心（4 000 r · min^{-1}，15 min）。对照以 0.4 mL 的磷酸盐缓冲液代替 NADH 溶液。取上清液在 540 nm 处测定吸光度，亚硝态氮含量通过标准曲线计算。

（3）亚硝态氮标准曲线制作　配制含量为 0 ~ 2.0 μg 的亚硝态氮标准溶液，分别加入 4 mL 对氨基苯磺酸溶液和 α- 萘胺溶液，最后加蒸馏水至反应体系为 10 mL，在 540 nm 处测其吸光度，并绘制标准曲线。

（4）计算

$$样品中酶活性 = \frac{m_A \cdot V_1}{m \cdot t \cdot V_2}$$

式中，m_A 为反应液产生的亚硝态氮总量（μg）；V_1 为加入缓冲液的体积（mL）；V_2 为上清液体积（mL）；m 为样品的质量（μg）；t 为反应时间（s）。

13-2　活　体　法

【实验材料、仪器设备与试剂】

1. 实验材料

豌豆或葡萄叶片等。

2. 仪器设备

分析天平、恒温箱、真空泵、真空干燥器、移液枪、试管、烧杯、分光光度计等。

3. 试剂

（1）亚硝态氮标准溶液、KNO_3 缓冲液、对氨基苯磺酸溶液、α- 萘胺溶液的配制同离体法。

（2）三氯乙酸溶液　称取 30.0 g 三氯乙酸，用蒸馏水溶解并定容至 100 mL，即为 300 g · L^{-1} 三氯乙酸溶液。

【实验步骤】

（1）称取新鲜葡萄叶片 1.0 g，放入烧杯中，并将叶片压至烧杯底部，对照加 1 mL 三氯乙酸溶液后，各杯均加 9 mL KNO_3 缓冲液，置于真空干燥器，用真空泵抽气 1 min 后通空气，反复操作至叶片沉入杯底，在遮光的 25℃恒温箱中放置 30 min 后，加 1 mL 三氯乙酸溶液（对照不加）终止反应。

（2）摇匀后静置 2 min，吸取反应液 2 mL 于试管中，加 4 mL 对氨基苯磺酸溶液和 4 mL α- 萘胺溶液，摇匀 25℃ 显色 15 min 后离心（4 000 r · min^{-1}，15 min），取上清液于 540 nm 处测定吸光度，亚硝态氮含量通过标准曲线计算。

（3）计算方法同离体法。

【注意事项】

1. 取样前叶片须进行光合作用。

2. 硝酸还原酶反应须在黑暗中进行，且采用离体法测定时操作要迅速。

【思考题】

1. 取植物材料前为什么要进行光合作用?

2. 不同的光照时间对植物体硝酸还原酶有何影响?

【参考文献】

1. 梁慧，鲁萍，吴岩，等．氮素资源波动对反枝苋与大豆硝酸还原酶活性的影响［J］．作物杂志，2012（3）：39–43.

2. 陈刚，李胜．植物生理学实验．北京：高等教育出版社，2016.

实验 14　植物体内谷氨酰胺合成酶活性的测定

【实验目的】

掌握谷氨酰胺合成酶活性的测定方法。

【实验原理】

谷氨酰胺合成酶（GS）是高等植物氨同化的关键酶，在植物氮代谢中起着重要作用。GS 在 ATP 和 Mg^{2+} 催化下，谷氨酸酰胺化生成谷氨酰胺。在反应体系中，谷氨酰胺转化为 γ－谷氨酰基异羟肟酸，进而在酸性条件下与铁形成红色络合物，该络合物在 540 nm 处有最大吸收峰，可用分光光度计测定。谷氨酰胺合成酶活性可用产生的 γ－谷氨酰基异羟肟酸与铁络合物的生成量来表示，单位为 $\mu mol \cdot mg^{-1} \cdot h^{-1}$。也可间接用 540 nm 处吸光度的大小来表示，单位为 $A \cdot mg^{-1} \cdot h^{-1}$。

【实验材料、仪器设备与试剂】

1. 实验材料

新鲜植物组织。

2. 仪器设备

剪刀、分析天平、冰盒、研钵、冷冻离心机、微量移液器、分光光度计、恒温水浴锅、离心管。

3. 试剂

（1）提取缓冲液　0.05 $mol \cdot L^{-1}$ Tris–HCl 缓冲液（pH 8.0），含 2 $mmol \cdot L^{-1}$ DTT 溶液、0.4 $mol \cdot L^{-1}$ 蔗糖溶液和 2 $mmol \cdot L^{-1}$ Mg^{2+}。将 Tris（三羟甲基氨基甲烷）1.529 5 g、$MgSO_4 \cdot 7H_2O$ 0.124 5 g、DTT（二硫苏糖醇）0.154 3 g 和蔗糖 34.23 g，溶解于去离子水中，用 0.05 $mol \cdot L^{-1}$ HCl 溶液调节 pH 至 8.0，然后定容至 250 mL。

（2）反应混合液 A　即 0.1 $mol \cdot L^{-1}$ Tris–HCl 缓冲液（pH 7.4），含 80 $mmol \cdot L^{-1}$ Mg^{2+}、20 $mmol \cdot L^{-1}$ 谷氨酸钠溶液、20 $mmol \cdot L^{-1}$ 半胱氨酸溶液和 2 $mmol \cdot L^{-1}$ EGTA 溶液。将 Tris 3.059 0 g、$MgSO_4 \cdot 7\ H_2O$ 4.979 5 g、谷氨酸钠 0.862 8 g、半胱氨酸 0.605 7 g、EGTA 0.192 0 g 溶解于去离子水中，用 0.1 $mol \cdot L^{-1}$ HCl 溶液调节 pH 至 7.4，然后定容至 250 mL。

（3）反应混合液 B　反应混合液 A 的成分再加入 80 $mmol \cdot L^{-1}$ 盐酸羟胺，pH 为 7.4。

（4）显色剂　0.2 $mol \cdot L^{-1}$ TCA 溶液、0.37 $mol \cdot L^{-1}$ $FeCl_3$ 溶液和 0.6 $mol \cdot L^{-1}$ HCl 溶液混合。

（5）40 $mmol \cdot L^{-1}$ ATP 溶液　称取 0.121 0 g ATP 溶于 5 mL 去离子水（现配现用）。

（6）考马斯亮蓝 G–250 溶液。

【实验步骤】

（1）粗酶液提取　取 1 g 新鲜植物组织置于冰浴研钵中，加入 3 mL 提取缓冲液，迅速研磨成匀浆，然后转入离心管，于4℃ 12 000 r·min^{-1} 离心20 min，取上清液（即粗酶液）备用。

（2）反应 取0.7 mL粗酶液、0.7 mL ATP溶液和1.6 mL反应混合液B充分混匀，37℃水浴30 min，加入1 mL显色剂，混匀后静置1 min，于5 000 r·min^{-1}离心10 min，取上清液，测定540 nm处的吸光度，以加入1.6 mL反应混合液A为对照。

（3）粗酶液中可溶性蛋白质测定 取粗酶液0.5 mL，用水定容至100 mL，取2 mL用考马斯亮蓝G-250测定可溶性蛋白质。

（4）计算

$$\text{GS活性} = \frac{A_{540}}{c \times V \times t}$$

式中，A_{540}为540 nm处吸光度；c为粗酶液中可溶性蛋白质的质量浓度（mg·mL^{-1}）；V为反应体系中加入的粗酶液体积（mL）；t为反应时间（h）。

【注意事项】

在测定酶活性时，酶活性大小的表示均以单位时间生成特定产物的量来表示，反应时间不同生成特定产物量不同，所以在测量时，须保证测定不同材料同一酶活性时处理时间的一致性。

【思考题】

谷氨酰胺合成酶在植物氮代谢中的作用？

【参考文献】

郑建树，喻春明，陈平，等. 苎麻谷氨酰胺合成酶*BnGS2*等位基因的克隆及其转基因烟草特性［J］. 中国农业科学，2014，47（17）：3348-3358.

实验15 植物根系活性的测定

【实验目的】

了解根系活性的意义，掌握氯化三苯四氮唑（TTC）测定根系活性的方法。

【实验原理】

氯化三苯四氮唑（TTC）为氧化还原物，溶于水后呈无色透明状，但当TTC被根系细胞内的脱氢酶还原时，其产物为呈红色的三苯甲臜（TTF）。TTF比较稳定，不溶于水且不易被空气的氧自动氧化。因此，利用TTC的还原能力，在一定程度上能够反映出植物根系活性的强弱。

【实验材料、仪器设备与试剂】

1. 实验材料

豌豆根系或其他植物材料均可。

2. 仪器设备

研钵、恒温振荡箱、分析天平、分光光度计、容量瓶、锥形瓶（100 mL）、微量移液器、滤纸、烧杯。

3. 试剂

（1）石英砂。

（2）乙酸乙酯（分析纯）。

（3）$Na_2S_2O_4$。

（4）0.4 mol · L^{-1} 琥珀酸溶液　将 4.72 g 的琥珀酸溶于水中，定容至 100 mL。

（5）磷酸盐缓冲液（pH 7.0）。

（6）10 g · L^{-1} TTC 溶液　准确称取 1.000 g TTC，溶于适量蒸馏水中，用玻璃棒搅拌均匀，倒入 100 mL 容量瓶中定容至刻度。

（7）1 mol · L^{-1} H_2SO_4 溶液　量取 55 mL 980 g · L^{-1} 的浓 H_2SO_4，加入盛有 500 mL 蒸馏水的烧杯中（用玻璃棒边搅拌边加入），冷却后稀释至 1 L。

（8）4 g · L^{-1} TTC 溶液　准确称取 0.400 g TTC，溶于适量蒸馏水中，定容至 100 mL。

【实验步骤】

1. TTC 标准曲线的制作

吸取 0.25 mL 4 g · L^{-1} TTC 溶液置于 10 mL 容量瓶，加少许 $Na_2S_2O_4$ 摇匀，并用乙酸乙酯定容。分别吸取 0.25 mL、0.50 mL、1.00 mL、1.50 mL、2.00 mL 置于 10 mL 容量瓶中，用乙酸乙酯定容，以空白作对照，用分光光度计读出 485 nm 处的吸光度，绘制标准曲线。

2. TTC 还原强度测定

（1）将 10 g · L^{-1} 的 TTC 溶液、磷酸盐缓冲液及 0.4 mol · L^{-1} 的琥珀酸溶液混合，配制成实验所需要的反应液（其比例为 1∶4∶5）。

（2）将豌豆根系清洗后，用滤纸将根系吸干。将其浸没于盛有上述混合反应溶液的锥形瓶中。置于 37℃恒温振荡箱中暗处理 1 h 后观察待测根系的着色情况。

（3）称取豌豆根系 0.500 0 g，置于装有 10 mL 混合液（4 g · L^{-1} TTC 溶液与 pH 7.0 磷酸盐缓冲液等量混合）的烧杯中，使根系完全浸入混合液中，在 37℃恒温振荡箱中暗培养 1 h 后，加入 1 mol · L^{-1} H_2SO_4 溶液 2 mL，停止反应。

（4）取出根系，吸干水分后放入研钵，加 4 mL 乙酸乙酯和少量石英砂研磨，以充分提取 TTF。将提取液转移至容量瓶，用少量乙酸乙酯将研钵中残渣清洗 2～3 次，移入容量瓶，并用乙酸乙酯定容至 10 mL。以空白作对照，用分光光度计读出 485 nm 处的各待测液的吸光度。根据标准曲线，求出 TTC 还原量。

（5）计算

$$\text{TTC 还原强度} = \frac{\text{TTC 还原量}}{m \times t}$$

式中，m 为根的质量（g）；t 为反应时间（s）。

【注意事项】

1. 反应时间根据根系活性差异而定，时间不宜过长，以免显色差异测定不出。

2. TTC 溶液应低温避光保存，以免对实验结果造成影响。

【思考题】

1. 不同环境下，相同作物的根系活性是否相同？

2. 为什么要进行根系着色实验？

【参考文献】

1. 朱秀云，梁梦，马玉 . 根系活力的测定（TTC 法）实验综述报告［J］. 广东化工，2020，47（6）：211–212.

2. 陈刚，李胜 . 植物生理学实验［M］. 北京：高等教育出版社，2016.

实验 16 H^+-ATPase 活性的测定

16-1 质膜 H^+-ATPase 活性的测定

【实验目的】

了解逆境胁迫对 H^+-ATPase 活性的影响，掌握 H^+-ATPase 活性的测定方法。

【实验原理】

质膜 H^+-ATPase 可水解 ATP，将细胞质中 H^+ 泵到质膜外侧，可调节胞内外 pH 变化、控制膜电位，为跨膜溶质运输提供动力。质膜 H^+-ATPase 活性根据其水解 ATP 产生的无机磷量来确定。

【实验材料、仪器设备与试剂】

1. 实验材料

豌豆幼苗根尖。

2. 仪器设备

分析天平、研钵、纱布、离心管、试管、微量移液器、恒温水浴锅、制冰机、低温离心机、分光光度计。

3. 试剂

（1）质膜微囊提取缓冲液　1 mol · L^{-1} 苯甲基磺酰氟（PMSF）溶液、2 g · L^{-1} 牛血清蛋白（BSA）溶液、100 g · L^{-1} 甘油溶液、2 mmol · L^{-1} ATP-2Na 溶液、5 mmol · L^{-1} 乙二醇双（2- 氨基乙基醚）四乙酸（EGTA）溶液、25 mmol · L^{-1} Tris-Mes 溶液、0.25 mol · L^{-1} 蔗糖溶液、1 mmol · L^{-1} 硫酸镁溶液、5 g · L^{-1} 聚乙烯吡咯烷酮溶液（PVP）、15 mmol · L^{-1} β- 巯基乙醇溶液、1 mmol · L^{-1} 二硫苏糖醇（DTT）溶液。

（2）悬浮缓冲液　0.25 mol · L^{-1} 蔗糖溶液、25 mmol · L^{-1} Tris-Mes 溶液、2 g · L^{-1} BSA 溶液、1 mmol · L^{-1} DTT 溶液。

（3）两相系统　200 g · L^{-1} 葡聚糖溶液（Dextran T500）、400 g · L^{-1} 聚乙二醇溶液（PEG 3350）、120 mmol · L^{-1} 氯化钾溶液、1 mmol · L^{-1} DTT 溶液、0.25 mol · L^{-1} 蔗糖溶液、pH 7.8 磷酸盐（PBS）缓冲液。

（4）保存缓冲液　25 mmol · L^{-1} Tris-Mes 溶液、0.25 mol · L^{-1} 蔗糖溶液、2 g · L^{-1} BSA 溶液、1 mmol · L^{-1} DTT 溶液、100 g · L^{-1} 甘露醇溶液。

（5）酶反应缓冲体系　30 mmol · L^{-1} Tris-Mes 溶液、50 mmol · L^{-1} 氯化钾溶液、3 mmol · L^{-1} 硫酸镁溶液、50 mmol · L^{-1} 硝酸钠溶液、0.1 mmol · L^{-1} 钼酸钠溶液、10 mmol · L^{-1} 叠氮化钠溶液，pH 7.8。

（6）20 mmol · L^{-1} ATP-2Na 溶液　按所需浓度计算称取一定量 ATP-2Na，用 25 mmol · L^{-1} Tris-Mes 溶液（pH 7.8）配制。

（7）100 g · L^{-1} 十二烷基硫酸钠（SDS）溶液。

（8）显色液　1 g 维生素 C，0.252 g 钼酸铵，1.716 mL 硫酸，加水定容至 70 mL。

（9）磷酸二氢钾标准溶液。

（10）考马斯亮蓝 G-250 溶液。

（11）1 mg · mL^{-1} 蛋白质标准溶液　100 mg 牛血清蛋白溶于 100 mL 水中。

（12）磷酸盐缓冲液（pH 7.8）。

【实验步骤】

1. 质膜微囊的提取

称豌豆下胚轴 100 g 于研钵中，加质膜微囊提取缓冲液 200 mL 冰浴研磨后用纱布过滤，滤液离心 15 min（4 ℃，12 000 r · min^{-1}），取上清液，继续离心 30 min（4 ℃，80 000 r · min^{-1}），取沉淀，加 1 mL 悬浮缓冲液溶解沉淀物。将悬浊液加入 8 g 两相系统，上下摇匀 40 次，离心 5 min（4℃，4 200 r · min^{-1}），取上相。下相加入两相系统，分离 3 次，合并上相，稀释 3 ~ 5 倍后，离心 30 min（4 ℃，80 000 r · min^{-1}），取沉淀，加 1 ~ 2 mL 保存缓冲液悬浮沉淀，迅速放入液氮中。

2. 蛋白质含量测定

（1）标准曲线的绘制　分别吸取 1 mg · mL^{-1} 蛋白质标准溶液 0 mL、0.02 mL、0.04 mL、0.06 mL、0.08 mL 和 0.10 mL 于试管中，加水至 0.1 mL，混匀。每管加 4.9 mL 考马斯亮蓝 G–250 溶液，摇匀后静置 2 min，在 595 nm 下测定吸光度，并绘制标准曲线。

（2）样品提取　称取样品 2 g 于研钵中，加 5 倍预冷磷酸盐缓冲液，研磨成匀浆后离心 15 min（4℃，13 000 r · min^{-1}），取上清液置于 4 ℃备用。

（3）蛋白质浓度的测定　取上清液 0.1 mL，加 4.9 mL 考马斯亮蓝 G–250 溶液，摇匀后静置 2 min，在 595 nm 下测定吸光度。

（4）计算

$$样品中蛋白质含量 = \frac{C \times V}{(V_1 \times m) \times 1\,000}$$

式中，C 为标准曲线查得样品中蛋白质含量（μg）；V 为提取液总体积（mL）；V_1 为测定时加样量（mL）；m 为样品鲜重（g）；1 000 为将 g 换算成 mg。

3. 无机磷标准曲线制作

配制 0 μmol · L^{-1}、2 μmol · L^{-1}、4 μmol · L^{-1}、6 μmol · L^{-1}、8 μmol · L^{-1}、10 μmol · L^{-1} 的磷酸二氢钾标准溶液，分别取 50 μL 代替质膜微囊提取缓冲液，加入 950 μL 反应体系中，再加 100 g · L^{-1} SDS 溶液 200 μL 终止反应，1 mL 显色液，室温放置 40 min 后于 660 nm 处比色。制作标准曲线。

4. 质膜 H^+-ATPase 活性的测定

在酶反应缓冲体系中加 50 μL 豌豆下胚轴质膜微囊提取缓冲液，终体积为 1 mL，加 50 μL ATP–2Na 溶液并计时，在 37℃恒温下反应 30 min 后加 100 g · L^{-1} SDS 溶液 200 μL 终止反应，加 1 mL 显色液，室温放置 40 min 后于 660 nm 处比色。以反应前加入 SDS 终止反应液的为空白。

5. 计算

$$K = c_1 \times (c \times t)^{-1}$$

式中，K 为反应速率或酶活性（μmol · mg^{-1} · g · h^{-1}）；c_1 为标准曲线查得无机磷量（μmol）；c 为质膜微囊提取液的蛋白质含量（mg · g^{-1}）；t 为反应时间（h）。

16-2 液泡膜 H^+-ATPase 活性的测定

【实验目的】

掌握液泡膜 H^+-ATPase 活性的测定方法，了解液泡膜 H^+-ATPase 活性在植物体中的作用。

【实验原理】

同质膜 H^+-ATPase 活性的测定。

【实验材料、仪器设备与试剂】

1. 实验材料

豌豆根系。

2. 仪器设备

同质膜 H^+-ATPase 活性的测定。

3. 试剂

（1）研磨介质 250 mmol · L^{-1} 甘露醇溶液、3 mmol · L^{-1} 乙二醇双（2- 氨基乙基醚）四乙酸溶液（EGTA）、50 g · L^{-1} 聚乙烯吡咯烷酮（PVP）溶液、1 g · L^{-1} 牛血清蛋白（BSA）溶液、1 mmol · L^{-1} 苯甲基磺酰氟（PMSF）溶液、2 mmol · L^{-1} 二硫苏糖醇（DTT）溶液、25 mmol · L^{-1} Hepes 溶液混合，用 1 mol · L^{-1} Tris 缓冲液调 pH 至 7.4。

（2）悬浮液 250 mmol · L^{-1} 甘露醇溶液、1 mmol · L^{-1}EGTA 溶液，1 mmol · L^{-1} DTT 溶液、2 g · L^{-1} BSA 溶液、25 mmol · L^{-1} Hepes 溶液混合，用 1 mol · L^{-1} Tris 缓冲液调 pH 至 7.4（临用前加入 DTT）。

（3）稀释液 将悬浮液稀释 5 倍，不含 EGTA。

（4）反应系统 150 μL 100 mmol · L^{-1} Hepes 溶液、50 μL 20 mmol · L^{-1} 硫酸镁溶液、50 μL 1 mmol · L^{-1} 钼酸铵溶液、50 μL 500 mmol · L^{-1} 氯化钾溶液、50 μL 20 mmol · L^{-1} ATP-2Na 溶液、50 μL 0.5 mmol · L^{-1} 叠氮化钠溶液、50 μL 0.5 mmol · L^{-1} 钒酸钠溶液混合，用 1 mol · L^{-1} Tris 缓冲液调 pH 至 7.5。

（5）显色液 1 g 维生素 C，0.252 g 钼酸铵，1.716 mL 硫酸，加水定容至 70 mL。

（6）磷酸二氢钾标准溶液。

（7）考马斯亮蓝 G-250 溶液。

（8）1 mg · mL^{-1} 蛋白质标准溶液 100 mg 牛血清蛋白溶于 100 mL 水中。

（9）磷酸盐缓冲液（pH 7.8）。

（10）100 g · L^{-1} SDS 溶液。

（11）200 g · L^{-1} TCA 溶液。

【实验步骤】

（1）液泡膜微囊的提取和分离 将洗净的 10 g 豌豆根系，加 20 mL 研磨介质。其中，BSA 和 DTT 用前加入，pH 7.4 冰浴研磨。研磨匀浆用纱布过滤，滤液 4℃、800 r · min^{-1} 离心 15 min，取上清液后，继续 4 ℃、1 000 r · min^{-1} 离心 30 min，取上清液 4 ℃、80 000 r · min^{-1} 超速离心 30 min，弃上清液，取沉淀，加 1 mL 悬浮液。将悬浮的沉淀加在蔗糖溶液上面，4℃、100 000 r · min^{-1} 超速离心 1 h。从 22% ~ 36% 界面上用针头小心吸出液泡膜界面，再加入 2 倍体积的稀释液，4℃、80 000 r · min^{-1} 超速离心 30 min，收集沉淀，重新加入适量的稀释液，然后分装在 1.5 mL 的离心管中放入液氮中速冻 30 min，在超低温冰箱内保存，1 周内使用。

（2）无机磷含量、蛋白质含量的测定　同质膜 H^+–ATPase 活性测定的操作步骤。

（3）液泡膜 H^+–ATPase 活性的测定　0.45 mL 反应系统中加入 50 μL 液泡膜微囊制剂启动反应，加 2.4 mL 水，37 ℃温育 30 min。0.1 mL 200 g · L^{-1} TCA 溶液终止反应，2 mL 显色液显色 1 min，在 660 nm 处用分光光度计测定其吸光度。

（4）计算　同质膜 H^+–ATPase 活性测定的方法。

【注意事项】

质膜 H^+–ATPase 易失活，须在 4℃下快速进行。

【思考题】

1. 测定质膜和液泡膜 H^+–ATPase 活性有何意义？

2. 液泡膜 H^+–ATPase 在植物非生物胁迫中起什么作用？

【参考文献】

1. 张玲，刘群录，黄有国 . 胡杨质膜的纯化及其 H^+–ATPase 活性的研究［J］. 生物化学与生物物理进展，2000（6）：637–640.

2. 陈刚，李胜 . 植物生理学实验 . 北京：高等教育出版社，2016.

3. 单树花，宋克敏，刘晶茹，等 . 磷饥饿下番茄幼苗根系液泡膜 H^+–ATPase 活性的适应性变化［J］. 植物生理与分子生物学学报，2006，32（6）：685–690.

实验 17　植物与土壤硝态氮、铵态氮的测定

17–1　植物中铵态氮的测定

【实验目的】

了解植物主要吸收的氮素形态，掌握植物组织中铵态氮的测定方法。

【实验原理】

植物吸收的铵态氮经同化后形成谷氨酰胺和谷氨酸，然后形成其他蛋白质和氨基酸。α– 氨基酸与水合茚三酮加热，经氧化脱氨形成 α– 酮酸，进一步脱羧成醛，使水合茚三酮还原。在弱酸条件下，还原型茚三酮、氨和另一分子水合茚三酮反应，缩合生成蓝紫色物质，根据蓝紫色的深浅，在 580 nm 下测定吸光度。

【实验材料、仪器设备与试剂】

1. 实验材料

豌豆植株、葡萄植株。

2. 仪器设备

分光光度计、恒温水浴锅、微量移液器、分析天平、研钵、滤纸、试管、容量瓶。

3. 试剂

（1）100 g · L^{-1} 乙酸溶液。

（2）10 g · L^{-1} 抗坏血酸溶液。

（3）5 μg · mL^{-1} 亮氨酸（或丙氨酸）溶液　称取 0.005 g 亮氨酸（或丙氨酸）定

容至 1 L。

（4）0.2 mol · L^{-1} 乙酸溶液　量取无水乙酸 11.55 mL，稀释至 1 L。

（5）0.2 mol · L^{-1} 乙酸钠溶液　称取乙酸钠 16.4 g 用水稀释并定容至 1 L。

（6）乙酸缓冲液（pH 5.4）　量取 8.8 mL 0.2 mol · L^{-1} 乙酸加 41.5 mL 0.2 mol · L^{-1} 乙酸钠。

（7）水合茚三酮试剂　称取茚三酮 1.1 g 于烧杯中，加 15 mL 正丙醇溶解后，加 30 mL 正丁醇和 60 mL 乙二醇，混匀，再加 9 mL 乙酸缓冲液（pH 5.4），混匀。保存于棕色试剂瓶中。

（8）无水乙醇。

【实验步骤】

（1）样品测定　取 0.5 g 豌豆叶片于研钵中，加 5 mL 100 g · L^{-1} 乙酸溶液研磨成匀浆后，加水稀释至 100 mL，过滤（弃初滤液）。取 2 mL 滤液于试管中，加 3 mL 水合茚三酮试剂、0.1 mL 10 g · L^{-1} 抗坏血酸溶液，摇匀，置于沸水浴 15 min。空白以蒸馏水代替提取液。冷却后用无水乙醇定容至 10 mL，摇匀。在 580 nm 处测定吸光度。

（2）标准曲线的绘制　分别吸取 0 mL、0.2 mL、0.4 mL、0.6 mL、0.8 mL、1.0 mL 5 μg · mL^{-1} 亮氨酸（或丙氨酸）溶液，加水至 2 mL，再加 3 mL 水合茚三酮试剂、0.1 mL 10 g · L^{-1} 抗坏血酸溶液，摇匀，置于沸水浴 15 min。冷却后用无水乙醇定容至 10 mL，摇匀。在 580 nm 处测定吸光度，并绘制标准曲线。

（3）计算

$$\text{铵态氮含量} = \frac{C \times 0.1 \times 10}{2 \times m}$$

式中，C 为标准曲线查得铵态氮质量（μg）；0.1 为将 μg 换算成 mg，并折算成 100 g 物质中含量的换算系数；10 为比色液体积（mL）；m 为样品质量（g）。

【注意事项】

所有试剂均以无氨试剂配制。

17-2　植物中硝态氮的测定

【实验目的】

掌握植物组织中硝态氮的提取与测定方法。

【实验原理】

在浓酸条件下，硝酸根离子与水杨酸反应生成硝基水杨酸，该物质在碱性条件下呈黄色，其颜色的深浅在一定范围内与含量成正比，可比色测定。

【实验材料、仪器设备与试剂】

1. 实验材料

葡萄叶片或其他植物材料。

2. 仪器设备

分析天平、分光光度计、微量移液器、恒温水浴锅、研钵、试管、容量瓶、滤纸、封口膜。

3. 试剂

（1）500 μg · mL^{-1} 硝态氮标准溶液　称取 0.721 1 g 烘干至恒重的硝酸钾溶于水中，并定容至 200 mL。

（2）50 g · L^{-1} 水杨酸 – 硫酸溶液　称取 5 g 水杨酸溶于 100 mL 比重 1.84 浓硫酸中，并贮藏在棕色试剂瓶中。

（3）80 g · L^{-1} 氢氧化钠溶液　称取 20 g 氢氧化钠溶于 250 mL 水中。

【实验步骤】

（1）样品液的制备及测定　称取 2 ~ 3 g 葡萄叶片于研钵中研磨成匀浆，移入试管中，加水 10 mL，封口后置于沸水浴 30 min，冷却后过滤，滤液用水定容至 25 mL。吸滤液 0.1 mL 于试管中，加 0.4 mL 50 g · L^{-1} 水杨酸 – 硫酸溶液，室温静置 20 min 后，加 9.5 mL 80 g · L^{-1} 氢氧化钠溶液，冷却后，以空白做对照，在 410 nm 下测定吸光度。

（2）标准曲线的绘制　分别吸取 500 μg · mL^{-1} 硝态氮标准溶液 0 mL、1.0 mL、2.0 mL、4.0 mL、6.0 mL、8.0 mL、10.0 mL 于 50 mL 容量瓶中，用水定容至刻度。分别吸取上述系列标准溶液 0.1 mL 于试管中，加 0.4 mL 50 g · L^{-1} 水杨酸 – 硫酸溶液，室温静置 20 min 后，加 9.5 mL 80 g · L^{-1} 氢氧化钠溶液，冷却后，在 410 nm 下测定吸光度，并绘制标准曲线。

（3）计算

$$硝态氮含量 = \frac{C \times V}{m \times V_1}$$

式中，C 为标准曲线查得硝态氮质量（μg）；V 为样品定容体积（mL）；m 为样品质量（g）；V_1 为测定时所用样品提取液体积（mL）。

【注意事项】

50 g · L^{-1} 水杨酸 – 硫酸溶液须在冰箱贮藏，且在一周内使用。

17–3　土壤硝态氮的测定——酚二磺酸比色法

【实验目的】

掌握土壤硝态氮的提取及测定方法。

【实验原理】

土壤浸提液中 NO_3^-–N 在蒸干至无水后与酚二磺酸作用，生成硝基酚二磺酸，此反应需要在无水条件下迅速完成，其产物在酸性介质中无色，碱化后为稳定的黄色溶液，其颜色深浅与 NO_3^-–N 含量呈一定的正相关，在 400 ~ 425 nm 处有最大吸收峰。

【实验材料、仪器设备与试剂】

1. 实验材料

土壤。

2. 仪器设备

分析天平、恒温水浴锅、瓷蒸发皿、分光光度计、锥形瓶、微量移液器、振荡器（摇床）、容量瓶、滤纸、玻璃棒。

3. 试剂

（1）酚二磺酸试剂　称取苯酚 25.0 g 于烧杯中，加 150 mL 浓硫酸溶解，再加发烟硫酸（三氧化硫的硫酸溶液）75 mL 置于沸水浴中加热 2 h，得酚二磺酸溶液，于棕色试剂瓶保存。

（2）10 μg · mL^{-1} NO_3^-–N 标准溶液 称取 0.722 1 g 硝酸钾溶于水中并定容至 1 L，将该溶液稀释 10 倍，即为 10 μg · mL^{-1} NO_3^-–N 标准溶液。

（3）其他试剂 二水硫酸钙、碳酸钙、氢氧化钙、碳酸镁、硫酸银、氨水、活性炭（不含 NO_3^-）。

【实验步骤】

（1）浸提与测定 称取新鲜土样 50 g 并置于锥形瓶中，加 0.5 g 二水硫酸钙、250 mL 水，盖塞振荡 10 min 后静置 5 min，浸提液用滤纸过滤，若滤液因有机质有颜色可加适量活性炭。吸取滤液 25 ~ 50 mL 置于瓷蒸发皿，加 0.05 g 碳酸钙后水浴蒸干，冷却后迅速加 2 mL 酚二磺酸试剂，旋转蒸发皿，使试剂接触到所有蒸干物，静置 10 min 后加 20 mL 水，用玻璃棒搅拌至完全溶解后加入，氨水搅拌均匀，使溶液显黄色（溶液呈微碱性）。再多加 2 mL 氨水，使氨水过量。将溶液转移至 100 mL 容量瓶，加水定容。在波长 420 nm 处比色，以空白溶液做对照。

（2）NO_3^-–N 标准曲线的绘制 分别取 0 mL、1 mL、2 mL、5 mL、10 mL、15 mL、20 mL 10 μg · mL^{-1} NO_3^-–N 标准溶液于瓷蒸发皿，操作同土壤测定，进行比色后绘制标准曲线。

（3）计算

$$\text{土壤中硝态氮含量} = c \times V \times \frac{ts}{m}$$

式中，c 为标准曲线上求得 NO_3^-–N 质量浓度（μg · mL^{-1}）；V 为显色液体积（mL）；ts 为稀释倍数；m 为烘干样品质量（g）。

【注意事项】

1. 该实验需要在无水条件下进行，在反应前须蒸干。

2. 若土壤中化合物含量超 15 mg · kg^{-1}，则需要加硫酸银去除，具体操作为每 100 mL 浸提液加 0.1 g 硫酸银，摇动 15 min 后，加 0.2 g 氢氧化钙、0.5 g 碳酸镁以沉淀过量的银，摇动 5 min 后过滤，继续按照蒸干显色步骤进行。

3. 实验中若无发烟硫酸，不可直接用浓硫酸代替，须称取 25.0 g 酚，加 225 mL 浓硫酸置于沸水中加热 6 h 配制而成，此溶液可代替发烟硫酸。

17-4 土壤铵态氮的测定——浸提蒸馏法

【实验目的】

掌握土壤铵态氮的提取及测定方法。

【实验原理】

一定浓度的氯化钾浸提土壤，可将吸附在土壤胶体上的 NH_4^+ 和水溶性 NH_4^+ 浸提出。在浸提液中加氧化镁蒸馏，蒸出的氨被硼酸吸收，用标准酸滴定，则可计算土壤中铵态氮含量。

【实验材料、仪器设备与试剂】

1. 实验材料

土壤。

2. 仪器设备

凯氏定氮仪、滴定管、振荡器、锥形瓶、消煮管、分析天平、滤纸。

3. 试剂

（1）2 mol · L^{-1} 氯化钾浸提液　称取 149.1 g 氯化钾（化学纯）溶于水中，并定容至 1 L。

（2）甲基红 – 溴甲酚绿混合指示剂　分别称取 0.1 g 甲基红、0.5 g 溴甲酚绿溶于 100 mL 95% 乙醇中。

（3）20.0 g · L^{-1} 硼酸溶液　称取 20 g 硼酸溶于 1 L 蒸馏水中，加入 2.5 mL 甲基红 – 溴甲酚绿混合指示剂用稀酸或稀碱调 pH 至 4.8（现用现配）。

（4）120 g · L^{-1} 氧化镁悬浊液　称取 12.0 g 氧化镁（500 ~ 600℃，2 h）溶于 100 mL 水中。

（5）0.005 mol · L^{-1}（1/2 硫酸）标准溶液　量取 1.4 mL 浓硫酸加水稀释至 2 500 mL，用标准碱或硼酸标定，将此溶液稀释 4 倍，即为 0.005 mol · L^{-1}（1/2 硫酸）标准溶液。

【实验步骤】

（1）测定　称取 10.0 g 新鲜土壤于锥形瓶中，加 50 mL 2 mol · L^{-1} 氯化钾浸提液，盖塞振荡 30 min，过滤。吸取滤液 25 mL 加入消煮管，再加 10 mL 120 g · L^{-1} 氧化镁悬浊液，置于凯氏定氮仪，将装有 5 mL 硼酸溶液的锥形瓶置于冷凝管下，开始蒸馏，待流出液体积为 30 ~ 40 mL 时停止，用 0.005 mol · L^{-1}（1/2 硫酸）标准溶液滴定至呈紫红色为止，空白对照不加土壤，其他操作均相同。

（2）计算

$$\text{土壤中铵态氮含量} = \frac{c \times (V - V_0) \times 14.0 \times ts}{m} \times 10^3$$

式中，c 为 0.005 mol · L^{-1}（1/2 硫酸）标准溶液浓度（mol · L^{-1}）；V 为滴定样品消耗硫酸标准溶液体积（mL）；V_0 为滴定空白消耗硫酸标准溶液体积（mL）；14.0 为氮原子的摩尔质量（g · mol^{-1}）；ts 为稀释倍数；m 为烘干土样质量（g）；10^3 为将 L 换算成 mL。

【注意事项】

滴定时避免滴定液过量，导致实验结果有偏差。

【思考题】

1. 铵态氮与硝态氮有何区别？
2. 植物中铵态氮与硝态氮的测定各有何意义？
3. 氮主要以什么形式被植物吸收？
4. 葡萄不同器官硝态氮的含量有何差异？试说明原因。
5. 测定土壤中硝态氮和铵态氮有何意义？

【参考文献】

1. 邹琦 . 植物生理学实验指导［M］. 北京：中国农业出版社，2000.
2. 王学奎 . 植物生理生化原理及技术［M］. 北京：高等教育出版社，2006.
3. 鲍士旦 . 土壤农化分析［M］. 北京：中国农业出版社，1999.

实验 18 植物与土壤全氮的测定——凯氏定氮法

【实验目的】

了解植物和土壤中氮素形态及氮素对植物生长发育的影响，掌握植物和土壤中全氮的测定方法。

【实验原理】

植物材料中全氮含量反应植物氮素营养的水平。土壤中全氮含量通常衡量土壤中氮素的基础肥力，其变化量较小。植物材料或土壤中有机含氮化合物在催化剂作用下，用浓硫酸消化分解，使有机氮转化为氨，并与硫酸结合成硫酸铵。通过碱化使铵盐分解蒸馏出氨，用硼酸吸收，以甲基红－溴甲酚绿为指示剂，用标准酸溶液滴定至粉红色为终点，求出土壤全氮含量。

【实验材料、仪器设备与试剂】

1. 实验材料

风干土壤、烘干研磨的玉米茎秆。

2. 仪器设备

分析天平、消煮炉、消煮管、通风柜、锥形瓶、蒸馏仪、凯氏定氮仪、滴定管。

3. 试剂

（1）混合催化剂 称取硫酸钾 100 g、$CuSO_4 \cdot 5H_2O$ 10 g、硒粉 1 g，混合均匀后充分研磨，过 100 目筛，装入棕色试剂瓶备用。

（2）比重为 1.84 的浓 H_2SO_4。

（3）10 $mol \cdot L^{-1}$ NaOH 溶液 称取 400 g NaOH 溶于水并定容至 1 L（先加 600 mL 水稀释，待冷却后定容）。

（4）甲基红－溴甲酚绿混合指示剂 分别称取 0.1 g 甲基红、0.5 g 溴甲酚绿溶于 100 mL 95% 乙醇中。

（5）20 $g \cdot L^{-1}$ 硼酸溶液 称取 20 g 硼酸溶于 1 L 蒸馏水中，加入 2.5 mL 甲基红－溴甲酚绿混合指示剂，用稀酸或稀碱调 pH 至 4.8（现用现配）。

（6）0.01 $mol \cdot L^{-1}$（1/2 H_2SO_4）标准溶液。

（7）300 $g \cdot L^{-1}$ H_2O_2 溶液。

【实验步骤】

（1）消煮 准确称取过 80 目筛的风干土样 0.5 g（植物样 0.1 ~ 0.2 g），置于消煮管中，用少量蒸馏水湿润后，加入混合催化剂 2 g（植物样可不加）、浓 H_2SO_4 5 mL，放入通风柜的消煮炉中消煮，待产生浓烟后，调节温度至保持微沸，继续消煮，直至内容物呈淡蓝色后停止消煮，冷却，待蒸馏（植物样消煮至溶液呈棕黑色后，取下消煮管并冷却，加 10 滴 300 $g \cdot L^{-1}$ H_2O_2 溶液，再进行消煮，重复此操作，直至消煮液呈无色或亮青色），空白对照不加土样或植物样，其余操作均相同。

（2）蒸馏 蒸馏前，拿一只空白消煮管加适量蒸馏水，冷凝管处接有 5 mL 20 $g \cdot L^{-1}$ 硼酸溶液的锥形瓶，打开仪器蒸馏，观察锥形瓶内液体是否变色，若不变色，说明仪器内部无残留氮，可进行样品测定。待消煮液冷却后，将消煮管放入凯氏定氮仪，在锥形瓶中加入 20 g · L^{-1} 硼酸溶液 5 mL，置于冷凝管末端。向反应室内加入 10 mol · L^{-1} NaOH 溶液 20 mL，打开冷凝水，开始蒸馏，待流出液体积为 50 mL 时，蒸馏结束。

（3）滴定　用 0.01 mol · L^{-1}（1/2 H_2SO_4）标准溶液滴定流出液至紫红色，记录所用滴定液体积。

（4）计算

$$土壤/植株全氮含量 = \frac{(V - V_0) \times c \times 14.0 \times 10^{-3}}{m} \times 10^3$$

式中，V 为滴定样品时所用酸标准溶液体积（mL）；V_0 为滴定空白（不加土样或植物样，其余操作均相同）所用酸标准溶液体积（mL）；c 为酸标准溶液浓度（mol · L^{-1}）；14.0 为氮原子摩尔质量（g · mol^{-1}）；10^{-3} 为将 mL 换算为 L；m 为土壤质量（g）；10^3 为将 kg 换算成 g。

【注意事项】

1. 风干土壤必须过筛，以便有机质能充分氧化分解。

2. 硼酸的浓度和用量为满足 NH_3 的充分吸收，可根据消煮液中含氮量估算硼酸的用量，可适当多加。

【思考题】

1. 测定土壤、植株的全氮有何意义？

2. 土壤氮素匮缺对植物生长有何影响？

【参考文献】

鲍士旦. 土壤农化分析［M］. 北京：中国农业出版社，1999.

实验 19　土壤有机质测定

19-1　重铬酸钾容量法——外加热法

【实验目的】

掌握土壤有机质的测定方法，了解土壤有机质在土壤肥力中的意义。

【实验原理】

在加热条件下，土壤中的有机碳可用过量的重铬酸钾－硫酸（$K_2Cr_2O_7$–H_2SO_4）氧化。$Cr_2O_7^{2-}$ 被还原成 Cr^{3+}。剩余的重铬酸钾用硫酸亚铁（$FeSO_4$）标准溶液滴定，根据消耗的重铬酸钾量计算出有机碳量，再乘以常数 1.724（由“*van* Bemmelen 因数”计算得到），即为有机质含量。

重铬酸钾－硫酸溶液与有机质作用反应式为：

$$2K_2Cr_2O_7 + 3C + 8H_2SO_4 \longrightarrow 2K_2SO_4 + 2Cr_2(SO_4)_3 + 3CO_2\uparrow + 8H_2O$$

硫酸亚铁滴定剩余重铬酸钾的反应式为：

$$K_2Cr_2O_7 + 6FeSO_4 + 7H_2SO_4 \longrightarrow K_2SO_4 + Cr_2(SO_4)_3 + 3Fe_2(SO_4)_3 + 7H_2O$$

【实验材料、仪器设备与试剂】

1. 实验材料

土壤。

2. 仪器设备

分析天平、锥形瓶、油浴锅、铁丝笼、滴定管、试管、弯颈漏斗。

3. 试剂

（1）0.8 mol · L^{-1} 1/6 $K_2Cr_2O_7$ 标准溶液　称取 39.224 5 g $K_2Cr_2O_7$（130℃烘干，分析纯）溶于水后定容至 1 L。

（2）浓 H_2SO_4（分析纯）。

（3）0.2 mol · L^{-1} $FeSO_4$ 溶液　称取 56.0 g $FeSO_4 \cdot 7H_2O$（化学纯）溶于水中，加 5 mL 浓 H_2SO_4 后，稀释至 1 L。

（4）指示剂　称取邻菲啰啉（分析纯）1.485 g、$FeSO_4 \cdot 7H_2O$ 0.695 g，溶于 100 mL 水中。或称取 0.25 g 2– 羧基代二苯胺置于研钵中研磨充分后倒入烧杯，加 0.1 mol · L^{-1} NaOH 溶液 12 mL，用水冲洗研钵并将洗液转移到烧杯中，水浴加热至溶解，冷却后定容至 250 mL，过滤后保留过滤液。

（5）Ag_2SO_4（分析纯）。

【实验步骤】

（1）测定　称取 0.1 ~ 1.0 g 过筛风干土样于试管中，加 5 mL 0.8 mol · L^{-1} 1/6 $K_2Cr_2O_7$ 标准溶液，若土壤中含有氯化物须先加 Ag_2SO_4 0.1 g，再加浓 H_2SO_4 5 mL，摇匀，试管口加弯颈漏斗，冷凝蒸出水蒸气。将试管放入铁丝笼中，每笼放 1 ~ 2 个空白试管，置于油浴锅中（185 ~ 190℃），控制油浴锅温度在 170 ~ 180℃，待试管内液体沸腾时开始计时 5 min，然后取出试管冷却。将试管中物质转移至锥形瓶中，用水清洗试管并将清洗液移入锥形瓶使总体积为 60 ~ 70 mL，加邻菲啰啉指示剂 2 ~ 3 滴，用 0.2 mol · L^{-1} $FeSO_4$ 溶液滴定，溶液颜色由橙色变为蓝绿色，最后呈砖红色为终点，记录滴定液体积。或加 2– 羧基代二苯胺 12 ~ 15 滴，溶液变成棕红色，用 0.2 mol · L^{-1} $FeSO_4$ 溶液滴定，溶液颜色由棕红色变为灰蓝绿色为终点，记录滴定液体积。

（2）计算

$$\text{土壤有机碳含量} = \frac{\dfrac{c \times 5}{V_0} \times (V_0 - V) \times 10^{-3} \times 3.0 \times 1.1}{m} \times 10^3$$

$$\text{土壤有机质含量} = \text{土壤有机碳含量} \times 1.724$$

式中，c 为 0.8 mol · L^{-1}（1/6 $K_2Cr_2O_7$）标准溶液的浓度（mol · L^{-1}）；5 为 $K_2Cr_2O_7$ 标准溶液加入体积（mL）；V_0 为滴定空白所用 $FeSO_4$ 体积（mL）；V 为滴定样品所用 $FeSO_4$ 体积（mL）；3.0 为 1/4 碳原子的摩尔质量（g · mol^{-1}）；10^{-3} 为将 mL 换算为 L；1.1 为氧化校正系数；m 为烘干土壤样品质量（g）；10^3 为将 kg 换算成 g。

19–2　重铬酸钾容量法——稀释热法

【实验目的】

掌握土壤有机质的测定方法，了解土壤有机质在土壤肥力中的意义。

【实验原理】

土壤有机质是土壤中各种营养元素的重要来源，利用 $K_2Cr_2O_7$–H_2SO_4 迅速混合时产生的热量氧化有机质，剩余的 $K_2Cr_2O_7$ 用 $FeSO_4$ 滴定，用消耗的重铬酸钾量，计算有机碳含量。

【实验材料、仪器设备与试剂】

1. 实验材料

土壤。

2. 仪器设备

分析天平、锥形瓶、石棉网、滴定管。

3. 试剂

（1）1 mol·L^{-1} 1/6 $K_2Cr_2O_7$ 溶液　称取 49.04 g $K_2Cr_2O_7$（105℃烘干，分析纯）溶于水后定容至 1 L。

（2）0.4 mol·L^{-1} 1/6 $K_2Cr_2O_7$ 标准溶液　称取 19.613 2 g $K_2Cr_2O_7$（130℃烘 3 h，分析纯）溶于少量水后，加 70 mL 浓硫酸，冷却后定容至 1 L。

（3）0.5 mol·L^{-1} $FeSO_4$ 溶液　称取 140 g $FeSO_4·7H_2O$ 溶于水，加 15 mL 浓硫酸，冷却后定容至 1 L。0.5 mol·L^{-1} $FeSO_4$ 溶液的准确浓度可用 0.4 mol·L^{-1} 1/6 $K_2Cr_2O_7$ 标准溶液标定后计算得出。具体操作为吸取 3 份 0.4 mol·L^{-1} 1/6 $K_2Cr_2O_7$ 标准溶液 25 mL 于锥形瓶中，加邻菲啰啉试剂 2 ~ 3 滴后，用 0.5 mol·L^{-1} $FeSO_4$ 溶液滴定至终点，计算 $FeSO_4$ 的准确浓度。

（4）浓硫酸。

（5）邻菲啰啉试剂。

【实验步骤】

（1）测定　称取过筛风干土样 0.5 g 于锥形瓶中，加 1 mol·L^{-1} 1/6 $K_2Cr_2O_7$ 溶液 10 mL，混匀后加浓硫酸 20 mL，轻轻转动混匀后置于石棉网上 30 min，加水稀释至 250 mL 后，加邻菲啰啉试剂 2 ~ 3 滴后，用 0.5 mol·L^{-1} $FeSO_4$ 溶液滴定至溶液由绿色变暗绿色，后逐滴加入直至变为砖红色为止，空白对照不加样品材料，其余操作均相同。

（2）计算

$$\text{土壤有机碳含量} = \frac{c\,(V_0 - V) \times 10^{-3} \times 3.0 \times 1.33}{m} \times 10^3$$

$$\text{土壤有机质含量} = \text{土壤有机碳含量} \times 1.724$$

式中，c 为 0.5 mol·L^{-1} $FeSO_4$ 溶液标准浓度（mol·L^{-1}）；V_0 为滴定空白所用 $FeSO_4$ 体积（mL）；V 为滴定样品所用 $FeSO_4$ 体积（mL）；3.0 为 1/4 碳原子的摩尔质量（g·mol^{-1}）；10^{-3} 为将 mL 换算为 L；1.33 为氧化校正系数；m 为烘干土壤样品质量（g）；10^3 为将 kg 换算成 g。

【注意事项】

1. 有机质含量高于 50 g·kg^{-1} 时，样品称取 0.1 g；有机质为 20 ~ 30 g·kg^{-1} 时，样品称取 0.3 g；少于 20 g·kg^{-1} 时，样品称取 0.5 g 以上。

2. 土壤中存在氯化物时加硫酸银，避免氯化物的存在导致结果偏高。

3. 硫酸亚铁在空气中易被氧化，须现配现用并每次标定。

【思考题】

1. 土壤有机质的生物学作用有哪些？

2. 土壤有机质的主要来源是什么？

【参考文献】

鲍士旦 . 土壤农化分析［M］. 北京：中国农业出版社，1999.

第四章　植物的光合作用与呼吸作用

实验 20　叶绿体色素的提取和理化性质

【实验目的】

学习叶绿体色素的提取方法，并了解它们的一些重要理化性质。

【实验原理】

1. 叶绿体色素的提取

高等植物叶绿体内的色素包括叶绿素（叶绿素 a 和叶绿素 b）和类胡萝卜素（叶黄素和胡萝卜素）两大类。它们的结构决定两大类色素均不溶于水，而溶于有机溶剂，故常用乙醇或丙酮等有机溶剂来提取。

2. 叶绿体色素的理化性质

（1）叶绿体色素的强光分解反应　叶绿素的化学性质很不稳定，容易受强光的破坏，特别是当叶绿素与蛋白质分离以后，破坏更快，而类胡萝卜素则较稳定。

（2）叶绿体色素荧光现象的观察　叶绿素吸收光量子而转变为激发态，激发态的叶绿素分子很不稳定，当它从第一单线态返回基态时可发射红光量子，因而产生荧光。因为分子吸收的光能有一部分消耗于分子内部的振动上，发射的荧光波长总是比吸收光的波长要长。

（3）叶绿体色素的取代反应　在弱酸性条件下，叶绿素分子中卟啉环中央的 Mg^{2+} 可以被 H^+ 所取代，产生褐色的去镁叶绿素。叶绿素中的 Mg^{2+} 也可以被其他金属离子（如 Cu^{2+} 或 Zn^{2+} 等）取代，其在光下不易被破坏，故可用于制作绿色植物浸渍标本。

（4）叶绿体色素的皂化反应　叶绿素是一种二羧酸（叶绿酸）与甲醇和叶绿醇形成的复杂酯，故可与碱发生皂化反应而生成醇（甲醇和叶绿醇）和叶绿酸的盐，产生的盐能溶于水中，故可用此法将叶绿素与类胡萝卜素分开。

$$C_{32}H_{30}ON_4Mg\begin{cases}COOCH_3\\COOC_{20}H_{39}\end{cases} + 2KOH \longrightarrow C_{32}H_{30}ON_4Mg\begin{cases}COOK\\COOK\end{cases} + CH_3OH + C_{20}H_{39}OH$$

叶绿素 a 的钾盐　　甲醇　　叶绿醇

【实验材料、仪器设备与试剂】

1. 实验材料

新鲜的植物叶片。

2. 仪器设备

研钵、剪刀、漏斗、容量瓶、分析天平、试管、滤纸（或纱布）、玻璃棒、滴管、恒温水溶锅。

3. 试剂

95% 乙醇（或 80% 丙酮）、乙醚、乙酸铜、碳酸钙、石英砂、盐酸、300 g · L^{-1} KOH–甲醇溶液（30 g KOH 溶于 100 mL 甲醇中）。

【实验步骤】

（1）叶绿体色素的提取　将新鲜的植物叶片，用自来水冲洗干净，再用干净纱布或滤纸擦去水分，去掉中脉，剪碎混匀，称取 0.2 ~ 0.5 g 放于研钵中，加 95% 乙醇（或 80% 丙酮）少量（润湿叶片即可）和少许石英砂（叶片中纤维多的可不加）研磨细碎成叶泥后，再加 95% 乙醇（或 80% 丙酮）2 ~ 3 mL，继续研磨至组织变白，静止片刻后，取上层溶液于漏斗滤入容量瓶，研钵内残渣再加乙醇反复浸提和冲洗多次，至无绿色（残渣勿入漏斗）。然后再用滴管吸取乙醇（或丙酮），慢慢滴洗滤纸，直至滤纸上无叶绿素为止，最后用 95% 乙醇（或 80% 丙酮）定容为 50 mL，滤液即为叶绿体色素提取液。

（2）叶绿体色素的强光分解反应　取叶绿体色素提取液少许，分装两支试管中，一支放在黑暗处（或用黑纸套包裹），另一支放在强光下，经过 1 ~ 2 h 后，观察两支试管中溶液的颜色有何不同。

（3）叶绿体色素荧光现象的观察　取叶绿体色素提取液少许于 1 支试管中，用反射光和透射光观察提取液的颜色有何不同，反射光下观察到的提取液颜色即为叶绿素产生的荧光颜色。

（4）叶绿体色素的取代反应　取叶绿素提取液少许于试管中，一滴一滴加盐酸，直至溶液颜色出现褐绿色，此时叶绿素分子已遭破坏，形成去镁叶绿素。然后加乙酸铜晶体少许，60℃水浴加热，则又产生鲜亮的绿色。此即形成了铜代叶绿素。

（5）叶绿体色素的皂化反应　取叶绿体色素提取液 2 mL 于大试管中，加入 4 mL 乙醚，摇匀，再沿试管壁慢慢加入 3 mL 蒸馏水，轻轻混匀，静置片刻，溶液即分为两层，色素已全部转入上层乙醚中。用滴管吸取上层绿色层溶液，放入另一试管中。在色素乙醚溶液中加入 2 mL 300 g · L^{-1} KOH– 甲醇溶液，充分摇匀，再加入蒸馏水 3 ~ 5 mL，摇匀静置，即可看到溶液分为两层，下层溶有皂化的绿色叶绿素 a、叶绿素 b 以及少量叶黄素，上层乙醚中溶有黄色的胡萝卜素和叶黄素。

【注意事项】

1. 色素的提取应在弱光或暗处进行，以防止光对色素的破坏，影响实验结果。
2. 研磨时要加入少量的碳酸钙，保护叶绿素。
3. 残渣中的色素要充分洗脱。

【思考题】

1. 为什么叶绿素色素的提取必须用有机溶剂？
2. 用不含水的有机溶剂（如无水乙醇、无水丙酮等）提取植物材料，特别是提取干材料的叶绿体色素时，往往效果不佳，为什么？
3. 为什么叶绿体色素提取液能观察到荧光现象而植株上的叶片看不到荧光？

【参考文献】

陈刚，李胜 . 植物生理学实验［M］. 北京：高等教育出版社，2016.

实验 21 叶绿体色素含量的测定

21-1 有机溶剂提取比色法

【实验目的】

学习叶绿体色素的定量测定方法，并掌握分光光度计的使用方法。

【实验原理】

植物体内叶绿素含量与光合作用及氮素营养有密切关系，其定量测定结果对决定农作物的科学施肥、育种及植物病理等研究具有指导意义。叶绿体色素溶液各组成成分在可见光中具有不同的特征吸收峰。因此，应用分光光度计在某一特定波长下所测定的吸光度，根据经验公式即可计算出色素溶液中各色素浓度，不同溶剂提取的色素吸收光谱有差异，因此，应使用不同的计算公式。

叶绿体色素常用丙酮和乙醇等有机溶剂提取。根据 Arnon 法，叶绿体色素 80% 丙酮提取液中叶绿素 a、叶绿素 b 和类胡萝卜素分别在 663 nm、645 nm 和 470 nm 波长下有最大吸收峰。已知叶绿素 a 和叶绿素 b 在 663 nm 处的消光系数分别为 82.04 和 9.27；在 645 nm 处的消光系数分别为 16.75 和 45.60。叶绿素 a 和叶绿素 b 的浓度与它们在 663 nm、645 nm 处的吸光度关系可用下式表示：

$$A_{663} = 82.04c_a + 9.27c_b \quad (1)$$

$$A_{645} = 16.75c_a + 45.60c_b \quad (2)$$

式中，A_{663} 和 A_{645} 分别为叶绿素溶液在波长 663 nm、645 nm 处的光密度；c_a、c_b 分别为叶绿素 a 和叶绿素 b 的浓度（$mg \cdot L^{-1}$）。解方程可得到：

$$c_a = 12.72A_{663} - 2.59A_{645} \quad (3)$$

$$c_b = 22.88A_{645} - 4.67A_{663} \quad (4)$$

将 c_a 与 c_b 相加即得叶绿素总浓度：

$$c_{a+b} = 20.29A_{645} + 8.05A_{663} \quad (5)$$

在有叶绿素存在的条件下，用分光光度法还可同时测定出溶液中类胡萝卜素的含量。Lichtenthaler 等对 Arnon 法进行了修正，提出了 80% 丙酮提取液中 3 种色素含量的计算公式：

$$c_a = 12.21A_{663} - 2.81A_{646} \quad (6)$$

$$c_b = 20.13A_{646} - 5.03A_{663} \quad (7)$$

$$c_x = (1\,000A_{470} - 3.27c_a - 104c_b)/229 \quad (8)$$

式中，c_a、c_b、c_x 分别为叶绿素 a、叶绿素 b 和类胡萝卜素的总浓度（$mg \cdot L^{-1}$）。

由于叶绿体色素在不同溶剂中的吸收光谱有差异，因此，在使用其他溶剂提取色素时，计算公式有所不同。叶绿素 a、叶绿素 b 及类胡萝卜素在 95% 乙醇中最大吸收峰的波长分别为 665 nm、649 nm 和 470 nm，故据此列出以下计算公式：

$$c_a = 13.95A_{665} - 6.88A_{649} \quad (9)$$

$$c_b = 24.96A_{649} - 7.32A_{665} \quad (10)$$

$$c_x = (1\,000A_{470} - 2.05c_a - 114.8c_b)/245 \quad (11)$$

另外，由于叶绿素 a、叶绿素 b 在 652 nm 的吸收峰相交，两者有相同的吸光系数，均为 34.5，故可在此波长下测定吸光度（A_{652}）而求出叶绿素浓度（$mg \cdot L^{-1}$）。

$$叶绿素浓度 = \frac{A_{652}}{34.5}\ (mg \cdot mL^{-1} 或 mg \cdot dm^{-2}) \tag{12}$$

最终计算出的各种叶绿体色素浓度可依据所使用的单位植物组织（鲜重、干重或面积），算出各种色素的含量。

【实验材料、仪器设备与试剂】

1. 实验材料

新鲜（或烘干）植物叶片。

2. 仪器设备

分光光度计、比色杯、天平、研钵、剪刀、滤纸（或纱布）、容量瓶和滴管。

3. 试剂

95% 乙醇（或 80% 丙酮）、石英砂和碳酸钙。

【实验步骤】

1. 色素的提取

（1）称取新鲜植物叶片（或干材料），用自来水冲洗干净，再用干净滤纸或纱布擦去水分，去掉中脉，剪碎混匀，称取 0.5 g 放于研钵中，加 95% 乙醇（或 80% 丙酮）少量（润湿叶片即可）和少许石英砂研磨至组织变白，再加 95% 乙醇（或 80% 丙酮）10 mL，研成匀浆，暗处静置约 10 min。

（2）将匀浆液过滤到 50 mL 容量瓶中，用乙醇（或丙酮）反复冲洗研体与研棒数次并用少量乙醇（或丙酮）反复冲洗滤纸和残渣，直至无绿色为止，以使色素全部转入容量瓶。最后用乙醇（或丙酮）定容至 50 mL，摇匀，即为叶绿素提取液，保存于暗处备用待测。

2. 吸光度的测定

将上述提取液倒入比色杯在 663 nm、646 nm 和 470 nm 下测定吸光度。如果提取液为 95% 乙醇，则以 95% 乙醇作为空白对照，在波长 665 nm、649 nm 和 470 nm 下测定吸光度。如果仅测定叶绿素总浓度，则只需要在波长 652 nm 下测定吸光度。

3. 计算

将所测得的吸光度代入上述相应的经验公式（见原理部分），如果用 80% 丙酮提取，按上述公式（6）（7）（8）分别计算叶绿素 a、叶绿素 b 和类胡萝卜素的浓度，叶绿素总浓度为叶绿素 a 与叶绿素 b 浓度之和。如果所用提取液为 95% 乙醇，则按上述公式（9）（10）（11）进行相应计算。如果仅在 652 nm 波长测定吸光度，则可按公式（12）计算叶绿素总浓度。

所测实验材料单位重量或单位面积的叶绿体色素含量可按下式进一步计算：

$$叶绿体色素含量 = \frac{c \cdot V}{A \cdot 1\,000}$$

式中，c 为叶绿体色素浓度（$mg \cdot L^{-1}$）；V 为提取液总体积（mL）；A 为叶片鲜重（g）或面积（dm^2）；1 000 为将 L 换算成 mL。

【注意事项】

1. 叶绿体色素的提取应在弱光或暗处进行，以防止光对色素的破坏，影响实验结果。

2. 叶绿体色素吸光度测定前，应按仪器说明及标准叶绿素 a、叶绿素 b 对分光光度计的波长进行校正，否则将影响叶绿体色素含量的测定精度。例如，如果波长与原吸收峰波长相差 1 nm，则叶绿素 a 的测定误差为 2%，叶绿素 b 为 19%。

3. 研磨时要加入少量的碳酸钙，保护叶绿素。

4. 色素提取液若混有其他物质而造成浑浊，将影响吸光度的测定，应重新过滤或离心。

21-2 叶绿素测定仪活体叶片测定法

【实验目的】

叶绿素测定仪可以即时测量植物的叶绿素相对含量或绿色程度，植物叶片中的叶绿素含量指示了植物本身的状况，长势良好的植物叶子会含有更多的叶绿素。本实验的目的是了解叶绿素测定仪的工作原理，掌握使用叶绿素测定仪测定叶绿素相对含量的方法。

【实验原理】

叶绿素测定仪通过测量叶片在两种波长范围内的透光系数来确定叶片当前叶绿素的相对含量，也就是在叶绿素选择吸收特定波长光的两个波长区域，根据叶片透射光的量来计算测量值。

【实验材料、仪器设备】

1. 实验材料

活体植株叶片。

2. 仪器设备

手持式叶绿素测定仪 TYS-B（图 21-1）。

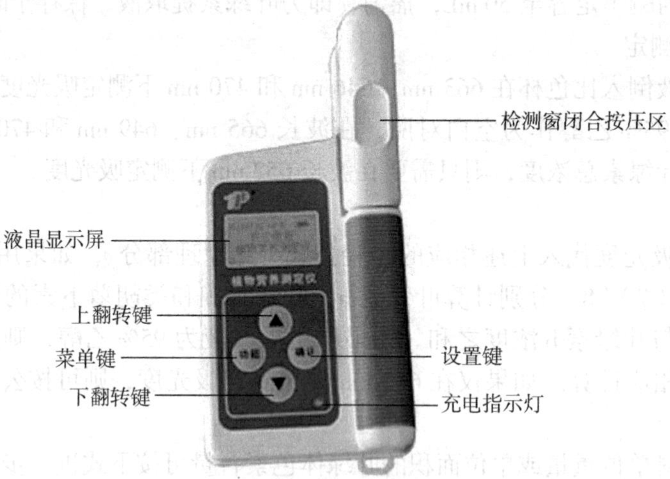

图 21-1 手持式叶绿素测定仪 TYS-B

【实验步骤】

（1）拨动电源开关到“ON”位置开机。

（2）不放叶片按下“检测窗闭合按压区”进行校准，显示屏显示校验成功。

（3）放入叶片按下“检测窗闭合按压区”进行测量，显示屏显示测量结果。

【注意事项】

1. 当仪器直接在太阳下使用时，应该用身体挡住阳光，这样测量结果就不会受到影响。

2. 不要试图测量绝对厚的部分，如主叶脉。如果测量的叶片中有很多叶脉，最好的方法是进行多次测量并取平均值。

3. 如果样品夹的发射或接收窗口有污渍或水，测量结果将不准确。测量前先检查样品夹窗口是否洁净。

【思考题】

1. 叶绿素 a、叶绿素 b 在红光和蓝光区域都有一个最大吸收峰值，能否用蓝光区的最大吸收峰值进行叶绿素 a、叶绿素 b 的定量测定，为什么？

2. 提取干材料的叶绿素时一定要用 80% 丙酮，而新鲜的材料可以用无水丙酮提取，为什么？

【参考文献】

1. Lichtenthaler H K. Chlorophylls and carotenoids：pigments of photosynthetic biomembranes［J］. *Methods in Enzymology*，1987，148：350–382.

2. 陈刚，李胜 . 植物生理学实验［M］. 北京：高等教育出版社，2016.

3. 李杰勤，王丽华，詹秋文，等 . 2 个黑麦草品种 SPAD 值和叶绿素及粗蛋白含量的相关性研究［J］. 草业科学，2010，27（10）：39–42.

实验 22　叶绿体的希尔反应

【实验目的】

学习分离制备叶绿体的技术方法，加深对希尔反应的理解及对光反应的认识。

【实验原理】

英国生物化学家 R. Hill（1937 年）首先将离体叶绿体加入有适当氢受体（如草酸、铁氰化钾、2,6– 二氯靛酚、NAD^+ 和 $NADP^+$）的水溶液中，光照后即有 O_2 放出，这就是水的光解，即希尔反应。

叶绿体的分离采用分级离心分离，即利用叶绿体的直径和沉降系数与其他细胞器不同的特点，先用低速离心除去细胞碎片，然后用高速离心沉降叶绿体。希尔反应活性的测定是将叶绿体加入铁氰化钾，并光照，水被光解放氧，而溶液中的 $Fe(CN)_6^{3-}$ 被还原成 $Fe(CN)_6^{4-}$，后者可使 $FeCl_3$ 中的 Fe^{3+} 还原成 Fe^{2+}，而 Fe^{2+} 又可与邻菲啰啉盐酸盐生成橙红色的络合物，并且 Fe^{2+} 的浓度与颜色深浅呈线性关系，因而可比色测定。其反应如下：

$$4Fe(CN)_6^{3-} + 2H_2O \xrightarrow[\text{叶绿体}]{\text{光}} 4Fe(CN)_6^{4-} + 4H^+ + O_2$$

$$Fe(CN)_6^{4-} + Fe^{3+} \longrightarrow Fe(CN)_6^{3-} + Fe^{2+}$$

$$Fe^{2+} + \text{邻菲啰啉盐酸盐} \longrightarrow \text{橙红色络合物}$$

实验中氧化剂 2,6– 二氯靛酚是一种蓝色染料，接受电子和 H^+ 后还原成无色物质，因此还可以通过直接观察颜色的变化来判断希尔反应的强弱。

【实验材料、仪器设备与试剂】

1. 实验材料

新鲜菠菜或其他绿色植物新鲜叶片。

2. 仪器设备

分光光度计、台式离心机、研钵（或组织捣碎机）、方形玻璃标本缸、照光装置（2只500 W钨灯作为光源，方形玻璃标本缸内放试管架，并加入适量的水）、试管、移液管、烧杯、纱布、天平、剪刀、冰箱、离心管。

3. 试剂

（1）叶绿体提取液　含有0.4 mol · L^{-1}蔗糖溶液、0.05 mol · L^{-1} Tris–HCl缓冲液、0.01 mol · L^{-1} NaCl溶液，用HCl调pH至7.8，贮于冰箱预冷备用。

（2）希尔反应试剂　包括四种溶液，分别为0.5 mol · L^{-1} Tris缓冲液（pH 7.8）、0.05 mol · L^{-1} $MgCl_2$溶液、0.1 mol · L^{-1} NaCl溶液、0.01 mol · L^{-1} $K_3Fe(CN)_2$溶液，上述4种溶液单独分装，不能混合。

（3）显色试剂　0.01 mol · L^{-1} $FeCl_3$溶液（用0.2 mol · L^{-1}乙酸配制）、0.05 mol · L^{-1}邻菲啰啉盐酸盐（$C_{12}H_{18}N_2 \cdot HCl \cdot H_2O$）溶液（先用少量95%乙醇溶解，后用蒸馏水定容）。

（4）亚铁氰化钾系列溶液　浓度分别为0.05 μmol · L^{-1}、0.10 μmol · L^{-1}、0.15 μmol · L^{-1}、0.20 μmol · L^{-1}、0.25 μmol · L^{-1}、0.30 μmol · L^{-1}亚铁氰化钾溶液。

（5）其他试剂　100 g · L^{-1}三氯乙酸溶液、0.2 mol · L^{-1}柠檬酸钠（$Na_3C_6H_2O \cdot 2H_2O$）溶液、80%丙酮。

【实验步骤】

1. 叶绿体的制备

先将叶绿体提取液、洗净的植物叶片和研钵等玻璃器具放入4℃冰箱中预冷备用。然后称取去叶柄和去叶脉的叶片10 g，剪碎放在置于冰浴中的研钵内，加入预冷叶绿体提取液20 mL研磨2 min（或在组织捣碎机中捣碎30 s），再加预冷叶绿体提取液20 mL，混匀后4层纱布过滤，滤入离心管，先以1 500 r · min^{-1}离心1 min，上清液转入另一离心管再以4 000 r · min^{-1}离心3～4 min，沉淀部分即为叶绿体。加入少量预冷叶绿体提取液悬浮沉淀物，并定容至4 mL，放冰箱备用。以上过程须在10 min内完成。

2. 希尔反应活性的测定

（1）配制反应液　取干洁试管7支（编号），分别加入希尔反应试剂和叶绿体悬浮液各0.1 mL，再分别加入蒸馏水0.5 mL，摇匀。

（2）光照处理　将3支试管放入预先置于方形玻璃标本缸内的试管架上，缸内注入20℃的水保温，另3支试管放在暗处作为对照；用500 W钨灯向标本缸内的试管照光1 min后，立即向所有试管加入100 g · L^{-1}三氯乙酸溶液0.2 mL终止反应。摇匀后以3 000 r · min^{-1}离心2 min，上清液用于测定$Fe(CN)_6^{4-}$。

（3）比色测定　取离心上清液0.7 mL，加水1 mL，再依次加入柠檬酸钠溶液2 mL、$FeCl_3$溶液0.1 mL、邻菲啰啉盐酸盐溶液0.2 mL，摇匀后室温下暗处静置20 min，用分光光度计于520 nm波长下测定。

3. 标准曲线绘制

取干净试管7支，一支试管加入水1.7 mL作为空白对照，其余试管分别加入

0.05 μmol · L^{-1}、0.10 μmol · L^{-1}、0.15 μmol · L^{-1}、0.20 μmol · L^{-1}、0.25 μmol · L^{-1}、0.30 μmol · L^{-1} 亚铁氰化钾系列溶液各 1.7 mL，其他试剂及操作步骤与样品比色测定相同，记录吸光度，绘出标准曲线。

4. 叶绿素含量测定

取叶绿体悬浮液 0.1 mL 于离心管中，加入 80% 丙酮 4.9 mL，摇匀后以 4 000 r · min^{-1} 离心 5 min，取上清液于 652 nm 下测定吸光度，并用 Arnon 公式计算叶绿素含量。

$$叶绿素含量 = \frac{A_{652} \times 1\,000}{34.5} \times \frac{5}{1\,000 \times 0.1} = 1.449\,A_{652}$$

式中，$\frac{A_{652} \times 1\,000}{34.5}$ 为测定所得叶绿素浓度（mg · L^{-1}）；5 为比色测定时的体积（mL）；1 000 为溶液体积由 L 换算成 mL；0.1 表示从叶绿体悬浮液中吸取了 0.1 mL。

5. 计算

按下列公式计算结果。

$$U = \frac{b \cdot \frac{V_d}{V_m}}{c \cdot V_n \cdot t}$$

式中，U 为希尔反应活性［μmol ·（mg · h）$^{-1}$］；b 为标准曲线查得 $Fe(CN)_6^{4-}$ 物质的量（μmol）；c 为叶绿体悬浮液中叶绿素含量（mg · mL^{-1}）；V_d 为 1.2 mL（反应液 1 mL+ 三氯乙酸 0.2 mL）；V_m 为 0.7 mL［测 $Fe(CN)_6^{4-}$ 所用的体积］；V_n 为 0.1 mL（反应液中叶绿体悬浮液的体积）；t 为反应时间（h）。

根据原理中反应式可以看出，每还原 4 mol Fe^{3+} 可释放出 1 mol O_2。因此上述计算结果除以 4，即为用释放 O_2 量表示的希尔反应活性［μmol ·（mg · h）$^{-1}$］。

【注意事项】

1. 三氯化铁和邻菲啰啉盐酸盐配制后放置于棕色瓶中，避光保存。
2. 测定希尔反应时应尽量避光，尤其是加入邻菲啰啉盐酸盐后应在暗处静置后比色。

【思考题】

1. 提取液中蔗糖的作用是什么？能否用其他试剂代替？
2. 为什么终止反应要加三氯乙酸？

【参考文献】

李小方，张志良 . 植物生理学实验指导［M］. 5 版 . 北京：高等教育出版社，2016.

实验 23　植物光合指标测定

【实验目的】

学习并掌握利用 CI–340 型便携式光合仪测定植物光合特征参数。

【实验原理】

光合作用是地球上重要的生命现象，它是唯一能将太阳能转化为稳定化学能贮藏在有机物中的过程，也是农作物产量形成的决定性因素。因此，在植物科学研究中，经常需要测定光合速率等光合参数。CI–340 便携式光合仪是一款较轻的手持式光合测定系统。新的设计理念和紧凑稳定的结构是其最显著的特征，整个系统包括显示器、键盘、微处理器、数据存储器、CO_2/H_2O 气体分析器、流量控制系统和电池，并且能充分满足测量光合速率、蒸腾速率、气孔导度和胞间 CO_2 浓度的要求。由于叶室直接和 CO_2/H_2O 气体分析器相连，使得在对叶室内的 CO_2/H_2O 进行测量时，基本没有时间延迟。这些特点使得 CI-340 型便携式光合仪成为最快速、最小巧、最精密的光合测定系统，可方便地在田间和实验室使用。

常用光合参数包括：Pn 为净光合速率（umol · m^{-2} · s^{-1}）；InT CO_2 为细胞间二氧化碳含量（umol · mol^{-1}）；E 为蒸腾速率［mmol ·（m^2 · s）$^{-1}$］；C 为叶片气孔导度［mmol ·（m^2 · s）$^{-1}$］。

【实验材料和仪器设备】

1. 实验材料

植物活体叶片。

2. 仪器设备

CI-340 型便携式光合仪及配件（图 23-1）。

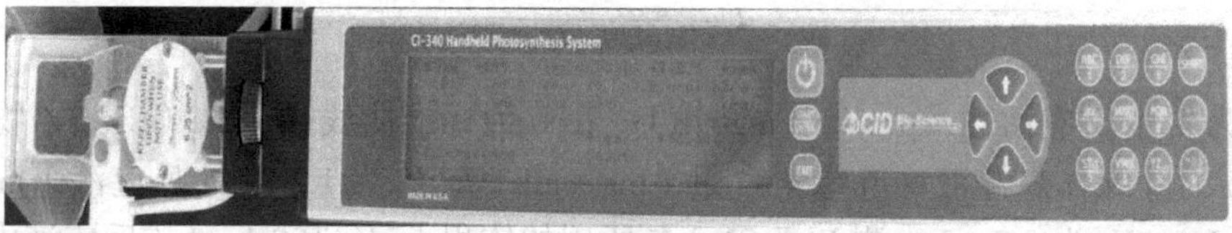

图 23-1　CI-340 型便携式光合仪

【实验步骤】

1. 开机预热

将叶室和平衡气体塑料桶连接好，点击 START ENTER 键（灯亮表示正常工作）开机预热 10 min。

2. 测量

（1）在仪器开机初始状态下，仪器显示如下。

Fri　12　Mar　2004　　　16 : 06 : 38
CI-340 version　5.004
Copyright CID Inc.,　1997 - 2004
All　rights　reserved.

（2）按 START ENTER 键，可以进入文件名的设置，仪器显示为“File name:？”。文件名与 DOS 格式类似，最多不超过 12 个字符。命名完成后按 START ENTER 键，进行测定时间间隔设定，时间间隔至少输入 1 s，系统才能自动保存数据。

Time　interval ?

sec

（3）完成时间间隔设置后按 START ENTER 键继续，进行测量方式选择，默认值“P”为光合测量，包括开路光合测量和闭路光合测量；“S”为单通道测量，是对单气源的适时监测；“C”为连续光合测量，是连续快速的光合测量。

Measure　　Photosynthesis Single　Channel　Absolute or　Continuous　Photosynthesis ? (P　S　C) Default　　is P

Open　or　Closed ? Default　　is Open

仪器默认开路光合测量，开路连接如下所示。

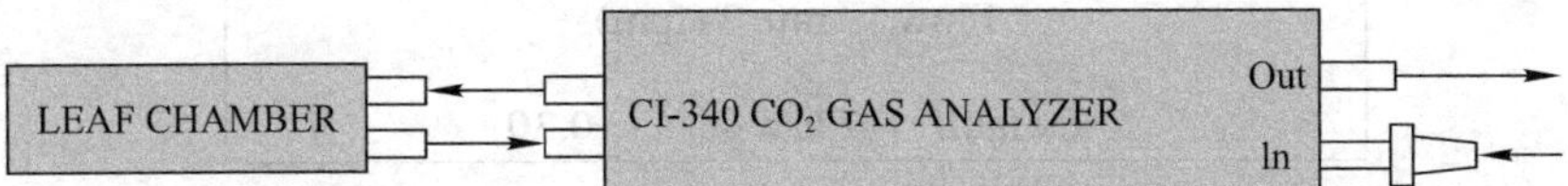

测量结束后按 EXIT 键退出即可。

（4）选择测量方式后按 START ENTER 键继续，进入附件控制选择，屏幕显示如下。

Control CS, AD, or LA? CS=1, AD=2, LA=4, CS+AD+LA=7... Default　　is 0

“0”：默认值“0”表示不控制附件。

“1”：对温度控制附件（CI-301CS）进行控制。

“2”：对 CO_2 和 H_2O 调控附件（CI-301AD）进行控制。

“3”：同时对温度控制附件（CI-301CS）、CO_2 和 H_2O 调控附件（CI-301AD）进行控制。

“4”：对光控附件（CI-301 LA）进行控制。

“5”：同时对温度控制附件（CI-301CS）和光控附件（CI-301 LA）进行控制。

“6”：同时对 CO_2 和 H_2O 调控附件（CI-301AD）、光控附件（CI-301 LA）进行控制。

“7”：同时对三种附件进行控制。

（5）选定附件控制编号后按 START ENTER 键继续，输入相应附件的设置参数。

```
Desired   Air   Temperature? (deg C)
```

```
Desired   Relative   Humidity? (%)
```

```
Desired   PAR? (μmol/m²/s)
```

（6）在相应的界面输入期望的参数值，按 START ENTER 键保存。

输入叶面积，屏幕显示如下。

```
Leaf   Area ? (cm²)

Default   Leaf   Area :   +11.00
```

输入期望的流量值，屏幕显示如下。

```
Flow   rate ? (lpm)

Default   Flow :   +0.30
```

（7）仪器参数设置完毕后，无须进行其他操作，仪器进入工作状态，一般测量 5 ~ 10 min 即可测定下一片植物叶片。

【注意事项】

1. 尽管仪器可以在移动的情况下使用，但还是要避免任何不必要的振荡或撞击。由于其轻便的设计，CI–340 型便携式光合仪需要特别在意地保护。

2. 不要使水或者过多的湿气进入仪器内。虽然 CI–340 型便携式光合仪可以测量空气中的湿度，但是仍要尽量避免在高湿的环境中使用仪器。另外，在田间使用时，要避免灰尘多的环境。请坚持使用外接防护过滤器。

3. 最好在适宜的温度下使用仪器。厂家的测试显示，在极端温度环境下（低于 5℃或高于 45℃）使用 CI–340 型便携式光合仪将影响仪器的性能。

4. 不使用仪器时，将仪器保存在低温和干燥的场所。最好将 CI–340 型便携式光合仪放回到仪器箱内，置于凉爽通风的房间。

5. 连接 CI–340 型便携式光合仪的叶室时，小心地将叶室的铜管插入仪器头部的两个铜管插孔内，使叶室上的丝孔正好对准仪器上的螺栓。顺时针旋进拧紧螺栓，将叶室固定在 CI–340 型便携式光合仪上，但不要拧得太紧。这样既可以保证连接牢固又可以使仪器和叶室间的电路有较大的接触面积。仪器可以保持此连接状态，不要在没有连接叶室的情况下启动测量。

【思考题】

1. 测定光合速率还有什么方法？

2. 测定光合作用参数有何生理意义？

【参考文献】

李小方，张志良．植物生理学实验指导［M］．5 版．北京：高等教育出版社，2016.

实验 24　植物荧光动力学参数的测定

【实验目的】

了解目前在光合作用研究中先进的叶绿素荧光技术，掌握便携式叶绿素荧光仪测定植物叶绿素荧光参数的基本原理和仪器的使用方法。

【实验原理】

光合作用吸收的光能有三个去向，一是用于光化学反应，引起反应中心的电荷分离及后来的电子传递和光合磷酸化，形成用于固定、还原 CO_2 的同化力（ATP 和 NADPH），氮素还原，光呼吸等；二是转变成热散失；三是以荧光的形式发射出来。由于这三者之间存在此消彼长的竞争关系，所以可以通过荧光的变化探测光合作用的变化。

实际上，以荧光形式发射出来的光能在数量上是很少的，还不到吸收总光能的 3%。在很弱的光下，光合作用吸收的光能大约 97% 用于光化学反应，2.5% 转变为热散失，0.5% 以荧光形式发射出来；在很强的光下，当全部 PSⅡ反应中心关闭时，吸收的光能 95% ~ 97% 转变为热散失，而 2.5% ~ 5.0% 以荧光形式发射出来。当逆境影响到叶片光能的捕获和转化、CO_2 的固定和还原等过程时，叶绿素荧光的发射强度就会改变。通过测量叶绿素荧光的变化就可推知光能用于光化学反应以及用于热散失等过程的高低，进而计算出植物的光化学效率。

基本荧光参数包括：F_t 为非光化光下的实时荧光，暗适应后 $F_t = F_o$；QY 为 PSⅡ量子产量，暗适应 QY = F_v/F_m，光适应 QY = F_v'/F_m'；F_v/F_m 是使用频繁的荧光参数；OJIP 为叶绿素荧光快速瞬态分析，此方法可简单、非侵入性测量叶绿体功能，OJIP 分析可以灵敏、准确地分析光化学系统的功能和活性；NPQ 为仪器提供的 2 组测量程序，每组程序均有持续照光和黑暗恢复阶段，NPQ 测量是一种典型的量化暗适应后样品光化学和非光化学猝灭的工具；LC 为仪器内置的 3 组光曲线测量程序，每组程序的脉冲数量、持续时间以及光强均不同，LC 光曲线程序对连续光照下不同光强照射的样品光合作用进行连续测量，将光合速率与光强联系起来；PAR 为光合有效辐射。

【实验材料、仪器设备】

1. 实验材料

活体植物叶片。

2. 仪器设备

叶绿素荧光仪、暗适应叶夹（图 24–1）。

【实验步骤】

（1）用暗适应夹夹住被测叶片，合上不锈钢遮光滑片，让叶片充分暗适应 20 min。

（2）打开电源开关，将叶绿素荧光仪的光学测定窗口安放到暗适应叶夹上。

（3）拉出暗适应叶夹上的不锈钢遮光滑片，使叶片暴露在测定窗口中，按“MENU”键进行测定。

（4）测定完成，连接数据线导出数据。

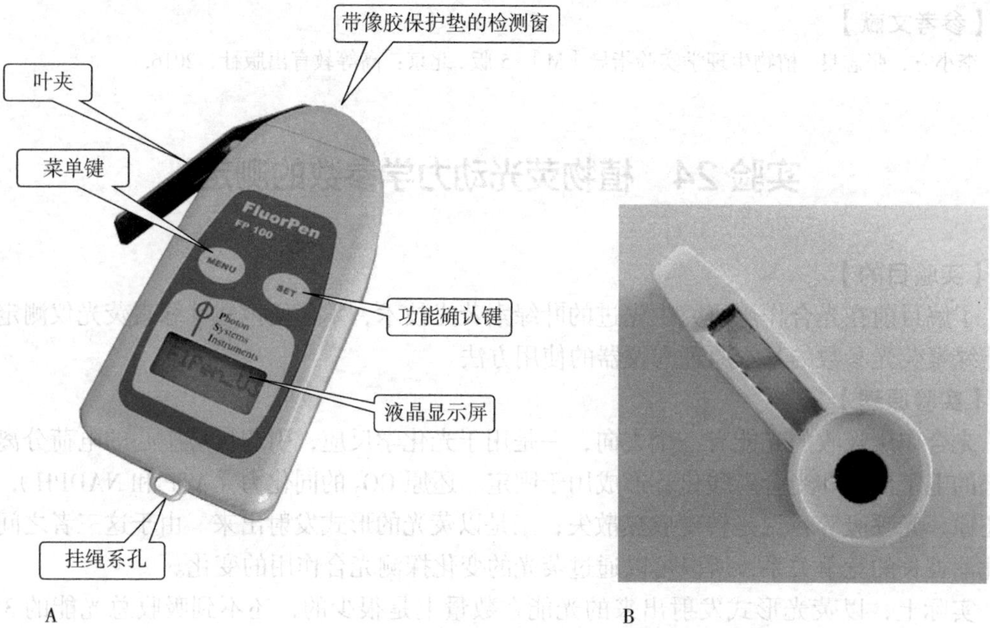

图 24-1　叶绿素荧光仪（A）和暗适应叶夹（B）

【注意事项】

1. 让叶片充分暗适应 20 min

2. 测定时如果没有拉出遮光滑片，则测量失败，需要重新测量。

【思考题】

1. 叶绿素荧光产生的意义是什么？

2. 叶绿素荧光在植物逆境生理研究中有何应用？

【参考文献】

张守仁. 叶绿素荧光动力学参数的意义及讨论［J］. 植物学通报，1999，16（4）：444-448.

实验 25　1,5- 二磷酸核酮糖（RuBP）羧化酶活性的测定

【实验目的】

1,5- 二磷酸核酮糖羧化酶（ribulose-1,5-bisphosphate carboxylase，Rubisco）是光合作用碳代谢中重要的调节酶，是植物中最丰富的蛋白质，主要存在于叶绿体的可溶部分，总量占叶绿体可溶蛋白的 50%～60%。本实验了解 Rubisco 在光合作用中的作用，掌握利用分光光度法测定 Rubisco 的羧化能力。

【实验原理】

Rubisco 是光合作用碳代谢中重要的调节酶。在 Rubisco 的催化下，1 分子的 1,5- 二磷酸核酮糖（RuBP）与 1 分子的 CO_2 结合，产生 2 分子的 3- 磷酸甘油酸（PGA），PGA 可通过外加的 3- 磷酸甘油酸激酶（PGK）和 3- 磷酸甘油醛脱氢酶（GAPDH）的作用，产生 3- 磷酸甘油醛，并使 NADH 氧化，反应如下：

$$RuBP + CO_2 + H_2O \xrightarrow[Mg^{2+}]{Rubisco} 2PGA$$

$$PGA + ATP \xrightleftharpoons{3-磷酸甘油酸激酶} 1,3-双磷酸甘油酸 + ADP$$

$$1,3-双磷酸甘油酸 + NADH + H^+ \xrightleftharpoons{3-磷酸甘油醛脱氢酶} 3-磷酸甘油醛 + NAD^+ + Pi$$

这里 1 分子 CO_2 被固定，就有 2 分子 NADH 被氧化。因此，根据 NADH 氧化的量就可计算 Rubisco 的活性，由 340 nm 处吸光度的变化可计算 NADH 氧化的量。

为了使 NADH 的氧化与 CO_2 的固定同步，需要加入磷酸肌酸（CrP）和磷酸肌酸激酶（CPK）的 ATP 再生系统，生成 ATP 和磷脂酰肌醇（Pi）。

$$ADP + Cr \sim P \xrightleftharpoons{磷酸肌酸激酶} ATP + Cr$$

【实验材料、仪器设备与试剂】

1. 实验材料

菠菜叶片、小麦及水稻叶片等。

2. 仪器设备

天平、纱布、分光光度计、比色杯、冷冻离心机、匀浆器、移液管、秒表。

3. 试剂

（1）rubisco 提取介质　40 mmol · L^{-1} Tris–HCl 缓冲液（pH 7.6），内含 10 mmol · L^{-1} $MgCl_2$ 溶液、0.25 mmol · L^{-1} EDTA 溶液、5 mmol · L^{-1} 还原型谷胱甘肽溶液。

（2）反应介质　100 mmol · L^{-1} Tris–HCl 缓冲液，内含 12 mmol · L^{-1} $MgCl_2$ 溶液和 0.4 mmol · L^{-1} EDTA–2Na 溶液，调 pH 至 7.8。

（3）其他试剂　5 mmol · L^{-1} NADH 溶液、25 mmol · L^{-1} RuBP 溶液、0.2 mol · L^{-1} $NaHCO_3$ 溶液、160 U · mL^{-1} 磷酸肌酸激酶溶液、160 U · mL^{-1} 3- 磷酸甘油醛脱氢酶溶液、50 mmol · L^{-1} ATP 溶液、50 mmol · L^{-1} 磷酸肌酸溶液、160 U · mL^{-1} 磷酸甘油酸激酶溶液。

【实验步骤】

1. 酶粗液的制备

取新鲜菠菜叶片 10 g，洗净擦干，放匀浆器中，加入 10 mL 预冷的 Rubisco 提取介质，高速匀浆 30 s，停 30 s，交替进行 3 次；匀浆经 4 层纱布过滤，滤液于 4 ℃下 10 000 r · min^{-1} 离心 15 min，弃沉淀；上清液即为酶粗液，置 4℃保存备用。

2. Rubisco 羧化活性测定

（1）按表 25–1 顺序配制酶反应体系。

表 25–1　酶反应体系配制表

试剂	加入量 /mL	试剂	加入量 /mL
5 mmol · L^{-1} NADH 溶液	0.2	160 U · mL^{-1} 磷酸肌酸激酶溶液	0.1
50 mmol · L^{-1} ATP 溶液	0.3	160 U · mL^{-1} 磷酸甘油酸激酶溶液	0.1
粗酶液	0.1	160 U · mL^{-1} 3- 磷酸甘油醛脱氢酶溶液	0.1
50 mmol · L^{-1} 磷酸肌酸溶液	0.2	蒸馏水	0.3
0.2 mol · L^{-1} $NaHCO_3$ 溶液	0.2	反应介质	1.4

（2）将配制好的反应体系摇匀，倒入比色杯内，以蒸馏水为空白，以分光光度计 340 nm 处反应体系的吸光度作为零点。将 0.1 mL RuBP 溶液加于比色杯内，并马上计时，每隔 30 s 测一次吸光度，共测 3 min。以零点到 1 min 内下降的吸光度计算酶活性。

由于粗酶液中可能存在 PGA，会使酶活性测定产生误差，因此除上述测定外，还需做一个不加 RuBP 溶液的对照。对照的反应体系与上述酶反应体系完全相同，不同之处只是把粗酶液放在最后加，然后马上测定此反应体系在 340 nm 处的吸光度，并记录 1 min 内吸光度的变化，计算酶活性时应减去这一变化值。

3. 计算

$$\text{RuBP 羧化酶活性} = \frac{\Delta A \times ds \times V}{6.22 \times 2 \times d \times \Delta t}$$

式中，ΔA 为反应最初 1 min 内 340 nm 处吸光度的变化（减去对照液最初 1 min 内变化值）；ds 为稀释倍数；V 为测定混合液总体积（mL）；6.22 为每微摩尔 NADH 在 340 nm 处的消光系数（$\mu mol^{-1} \cdot cm^{-1}$）；2 表示每固定 1 mol CO_2 有 2 mol NADH 被氧化；Δt 为测定时间 1 min；d 为比色光程（cm）。

【注意事项】

RuBP 很不稳定，特别是在碱性环境下，因而使用不超过 2～4 周，且应在 pH 5.0～6.5 以 10 $mmol \cdot L^{-1}$ 保存于 −20℃，最好现用现配。

【思考题】

1. RuBP 在光合作用中起什么作用？
2. 为什么加入 ATP 再生系统可使 NADH 的氧化与 CO_2 的固定同步？

【参考文献】

1. 李小方，张志良 . 植物生理学实验指导［M］. 5 版 . 北京：高等教育出版社，2016.
2. 陈刚，李胜 . 植物生理学实验［M］. 北京：高等教育出版社，2016.

实验 26　磷酸烯醇丙酮酸羧化酶活性的测定

【实验目的】

了解 PEP 羧化酶的作用，掌握酶偶联法测定 PEP 羧化酶活性的方法。

【实验原理】

磷酸烯醇丙酮酸（PEP）羧化酶是 C_4 植物和 CAM 植物固定 CO_2 的关键酶。在 Mg^{2+} 存在下，PEP 羧化酶可催化 PEP 与 HCO_3^- 形成草酰乙酸（OAA），后者在苹果酸脱氢酶（MDH）的催化下，可被 NADH 还原为苹果酸（MAL）。其反应如下：

$$PEP + HCO_3^- \xrightarrow{\text{PEP 羧化酶}} OAA + Pi$$

$$OAA + NADH + H^+ \xrightarrow{MDH} MAL + NAD^+$$

通过在 340 nm 处测反应体系吸光度的变化，计算出 NADH 的消耗速率，进一步推算出 PEP 羧化酶的活性。

【实验材料、仪器设备与试剂】

1. 实验材料

玉米、高粱等 C_4 植物的叶片。

2. 仪器设备

分光光度计、天平、剪刀、冰箱、纱布、烧杯、搅拌器、试管、冷冻离心机、组织捣碎机、Sephadex G–25 柱（2 cm × 45 cm）、DEAE（二乙胺基乙基）– 纤维素（DEAE–52，1 cm × 30 cm）柱、紫外检测仪、部分收集器、恒温水浴锅。

3. 试剂

（1）提取缓冲液　0.1 mol · L^{-1} Tris–H_2SO_4 缓冲液（pH 7.4），内含 7 mmol · L^{-1} β– 巯基乙醇溶液、1 mmol · L^{-1} EDTA 溶液、50 g · L^{-1} 甘油溶液。

（2）平衡缓冲液　10 mol · L^{-1} Tris–H_2SO_4 缓冲液（pH 8.2），内含 0.2 mmol · L^{-1} EDTA 溶液、0.2 mol · L^{-1} DTT（二硫苏木糖醇）溶液、50 g · L^{-1} 甘油溶液。

（3）反应缓冲液　0.1 mol · L^{-1} Tris–H_2SO_4 缓冲液（pH 9.2），内含 0.1 mol · L^{-1} $MgCl_2$ 溶液。

（4）反应试剂　100 mmol · L^{-1} $NaHCO_3$ 溶液、40 mmol · L^{-1} PEP 溶液、1 mg · L^{-1} NADH 溶液（pH 8.9）、苹果酸脱氢酶（MDH）。

（5）硫酸铵。

（6）0 ~ 0.6 mol · L^{-1} NaCl 溶液。

【实验步骤】

1. 酶液的提取

取玉米或高粱新鲜叶片，洗净并吸去外附水分，去掉中脉，称取 20 g，放入冰箱中过夜，次日剪碎放入组织捣碎机中，加入提取缓冲液（已预冷）80 mL，20 000 r · min^{-1} 匀浆 2 min（运行 30 s、间歇 10 s，反复匀浆），用 4 层纱布过滤，取滤液于冷冻离心机上 15 000 r · min^{-1} 离心 10 min，上清液即为 PEP 羧化酶的粗酶提取液。以上过程均在 0 ~ 4℃下进行。

2. 酶的纯化

（1）硫酸铵分步沉淀　将上述粗酶液装入烧杯，于搅拌器上搅拌，缓慢加入固体硫酸铵粉末达到 35% 饱和度，在冰箱中静置 1 h，11 000 r · min^{-1} 离心 10 min；取上清液再缓慢加入固体硫酸铵粉末达到 55% 饱和度，冰箱静置 1 h，11 000 r · min^{-1} 离心 10 min，弃上清液，沉淀用平衡缓冲液 8 mL 复溶。

（2）Sephadex G–25 柱层析　先用平衡缓冲液平衡 Sephadex G–25 柱（2 cm × 45 cm）。将上述复溶溶液上柱，压样 2 次，用平衡缓冲液洗脱，洗脱速率为 50 mL · h^{-1}，通过紫外检测仪，收集有酶活性的部分，11 000 r · min^{-1} 离心 10 min，上清液即为 PEP 羧化酶的部分纯化酶液。

（3）DEAE– 纤维素柱层析　把转型的 DEAE–52 装入 1 cm × 30 cm 的层析柱，用平衡缓冲液平衡 2 h，将上述已部分纯化的酶液上 DEAE–52 柱，压样 2 次，用平衡缓冲液洗脱，通过紫外检测仪，用部分收集管收集。用平衡缓冲液配制 0 ~ 0.6 mol · L^{-1} NaCl 溶液进行连续性梯度洗脱（速率为 30 mL · h^{-1}），收集有酶活性的部分即为纯化的 PEP 羧化酶，用于酶活性的测定。

3. 酶活性测定

取试管1支，依次加入反应缓冲液1.0 mL、40 mmol · L^{-1} PEP溶液、1 mg · mL^{-1} NADH溶液（pH 8.9）、苹果酸脱氢酶和PEP羧化酶已纯化提取液各0.1 mL、蒸馏水1.5 mL，在所测温度（如30℃）下恒温水浴保温10 min，在340 nm下测定吸光度；然后加入100 mmol · L^{-1} $NaHCO_3$溶液0.1 mL启动反应，立即计时，每隔30 s测定一次吸光度，记录其变化。

4. 计算

$$\text{PEP羧化酶活性} = \frac{\Delta A \cdot ds \cdot V}{d \cdot \varepsilon \cdot 0.1}$$

式中，V为测定混合液总体积（3 mL）；d为比色光程（cm）；0.1为反应混合液中酶液用量（mL）；ds为酶液稀释倍数；ΔA为每分钟的吸光度变化；ε为NADH于340 nm处的摩尔消光系数6.22×10^3（$mol^{-1} \cdot cm^{-1}$）。

【注意事项】

1. 严格按照要求使用仪器，缓冲液需要提前预冷。
2. 测定时酶液用量须事先实验，确定最佳用量。

【思考题】

哪些因素可能影响本实验的测定结果？

【参考文献】

1. 李小方，张志良. 植物生理学实验指导［M］. 5版. 北京：高等教育出版社，2016.
2. 陈刚，李胜. 植物生理学实验［M］. 北京：高等教育出版社，2016.

实验27　丙酮酸激酶活性的测定

【实验目的】

通过掌握丙酮酸激酶活性的测定方法，进一步理解丙酮酸激酶的重要作用。

【实验原理】

丙酮酸激酶（PK）广泛存在于植物细胞中，催化糖酵解过程中的最后一步反应，是糖酵解过程中的主要限速酶之一，也是产生ATP的关键酶之一，因此掌握测定植物细胞丙酮酸激酶活性的方法具有重要意义。丙酮酸激酶（PK）催化磷酸烯醇丙酮酸和ADP生成ATP和丙酮酸，乳酸脱氢酶（LDH）进一步催化NADH和丙酮酸生成乳酸和NAD^+，在340 nm下测定NADH下降速率，即可反映PK活性。具体反应式如下：

$$\text{磷酸烯醇丙酮酸} + \text{ADP} \xrightarrow{\text{PK}} \text{丙酮酸} + \text{ATP}$$

$$\text{丙酮酸} + \text{NADH} + \text{H}^+ \xrightarrow{\text{LDH}} \text{乳酸} + \text{NAD}^+$$

【实验材料、仪器设备与试剂】

1. 实验材料

玉米、高粱等植物的叶片。

2. 仪器设备

分光光度计、离心机、天平、恒温水浴锅、可调式移液器、石英比色杯、研钵。

3. 试剂

丙酮酸激酶（pyruvate kinase，PK）试剂盒，包含如下试剂。

（1）提取液　4℃保存；

（2）试剂一　4℃保存；

（3）试剂二、试剂三、试剂四　20℃保存，临用前每支加入 500 μL 双蒸水充分溶解备用，用不完的试剂仍于 −20℃保存；

（4）试剂五　4℃保存，临用前每支加入 300 μL 双蒸水充分溶解备用，用不完的试剂仍于 4℃保存；

（5）PK 工作液　取试剂一、试剂二和试剂三各一支，将试剂二和试剂三依次转移至试剂一中，充分溶解待用，这样可以分三批测定，防止试剂失效。

【实验步骤】

1. 样本的前处理

称取约 0.1 g 植物组织，加入 1 mL 提取液进行冰浴匀浆；8 000 r · min^{-1} 4 ℃离心 10 min，取上清，置冰上待测。

2. 样本测定

在 1 mL 石英比色杯，依次加入 PK 工作液 900 μL、试剂四 30 μL、试剂五 15 μL、充分混匀，25℃水浴 5 min，然后加入样本 30 μL，在加样本的同时开始计时，在 340 nm 波长下记录 20 s 时的初始吸光度 A_1，比色后迅速将比色杯连同反应液一起放入 25℃水浴中准确反应 2 min；迅速取出比色杯并擦干，340 nm 下测定吸光度，记录 2 min 20 s 时的吸光度 A_2，计算 $\Delta A = A_1 - A_2$。

3. 样本中 PK 活性计算

（1）按样本蛋白质浓度计算　以每毫克组织蛋白在反应体系中每分钟消耗 1 nmol 的 NADH 定义为一个酶活性单位。

$$\text{PK 活性} = \frac{\text{反应总体积（975 μL）} \times \Delta A}{\text{样本体积（30 μL）} \times \text{反应时间（2 min）} \times \text{NADH 消光系数（}6.22 \times 10^{-3}\text{）} \times \text{蛋白质质量浓度（mg · mL}^{-1}\text{）}}$$

$$= \frac{2\,613 \times \Delta A}{\text{蛋白质质量浓度（mg · mL}^{-1}\text{）}}$$

（2）按样本鲜重计算　以每克组织蛋白在反应体系中每分钟消耗 1 nmol 的 NADH 定义为一个酶活性单位。

$$\text{PK 活性} = \frac{2\,613 \times \Delta A}{\text{样本鲜重（g · mL}^{-1}\text{）}}$$

【注意事项】

1. 测定过程中样本和所有试剂在冰上放置，以免变性和失活。

2. 比色杯中反应液的温度必须保持 25℃，取小烧杯一只装入一定量的 25℃蒸馏水，将此烧杯放入 25℃恒温水浴锅中。在反应过程中把比色杯连同反应液放在此烧杯中。

3. 最好两个人同时做此实验，一个人比色，一个人计时，以保证实验结果的准确性。

【思考题】

测定丙酮酸激酶具有什么生理学意义？

【参考文献】

李小方，张志良．植物生理学实验指导［M］．5 版．北京：高等教育出版社，2016.

第五章　光合同化物代谢

实验 28　植物组织中可溶性糖和淀粉含量的测定

糖是植物体重要的生命物质，也是新陈代谢的主要原料和储存物质。其种类繁多，且性质也各不相同，因而测定方法各异。植物体内的可溶性糖主要是指能溶于水及乙醇的单糖和寡聚糖。其测定方法有苯酚法、蒽酮法等。

28–1　苯　酚　法

【实验目的】

了解可溶性糖和淀粉在植物体中的作用，掌握苯酚法测定植物组织中可溶性糖的方法。

【实验原理】

本实验采用苯酚法测定可溶性糖含量。糖在浓硫酸作用下，脱水生成糠醛或羟甲基糠醛，能与苯酚缩合成一种橙红色化合物，其颜色深浅与糖的含量成正比，且在 490 nm 波长下有最大吸光度，故可用比色法在此波长下测定。苯酚法可用于甲基化的糖、戊糖和多聚糖的测定，方法简单，灵敏度高，实验结果基本不受蛋白质的影响，同时产生的颜色较为稳定，稳定时间在 160 min 以上。

【实验材料、仪器设备和试剂】

1. 实验材料

植物叶片或种子。

2. 仪器设备

酶标仪、恒温水浴锅、电子天平、试管架、烘箱、刻度试管、烧杯、旋涡混合仪、研钵。

3. 试剂

（1）1.0 mg · mL^{-1} 葡萄糖标准溶液　将葡萄糖对照品在 80℃烘箱干燥至恒重，称取葡萄糖 100 mg，加蒸馏水 100 mL，充分混匀搅拌，配制成 1.0 mg · mL^{-1} 葡萄糖标准溶液，置于 4℃冰箱备用。

（2）50 g · L^{-1} 苯酚溶液　按所需 50 g · L^{-1} 苯酚溶液体积计算所需重蒸苯酚体积，以 1∶19 的体积比例加入蒸馏水，在通风橱下充分搅拌均匀，置于棕色瓶中备用（现用现配）。

（3）浓硫酸。

（4）80% 乙醇。

（5）活性炭。

【实验步骤】

（1）绘制标准曲线　精密量取 1.0 mg · mL^{-1} 葡萄糖标准溶液 0 mL、0.1 mL、0.2 mL、0.4 mL、0.6 mL、0.8 mL、1.0 mL 于试管中，蒸馏水补足至 5 mL，用旋涡混合仪混匀（表 28–1）。取以上葡萄糖溶液各 0.5 mL 于 10 mL 的试管中，加入 50 g · L^{-1} 苯酚溶液（注意现用现配）0.5 mL，充分混匀。垂直、快速加入 2.5 mL 浓硫酸，并用旋涡混合仪混匀。放置 10 min 后，沸水浴加热 20 min，自来水下冷却至室温。在 490 nm 处读取吸光度，以 0 管调零，绘制标准曲线。

表 28–1　葡萄糖标准溶液配制表

试管号	0	1	2	3	4	5	6
1.0 mg · mL^{-1} 葡萄糖标准溶液 /mL	0	0.1	0.2	0.4	0.6	0.8	1.0
蒸馏水 /mL	5.0	4.9	4.8	4.6	4.4	4.2	4.0
葡萄糖含量 /（mg · mL^{-1}）	0	0.02	0.04	0.08	0.12	0.16	0.20
	混匀，各取 0.5 mL 进行测定						

（2）可溶性糖的提取　将植物叶片或种子放置在 110℃的烘箱中烘 15 min，然后调至 70℃过夜，干叶片磨碎后，称取 50 mg 样品，倒入 10 mL 刻度试管中，加入 4 mL 80% 乙醇，置于 80℃水浴中不断搅拌 40 min，试管架上静置，收集上清液，在其残渣中再加入 2 mL 80% 乙醇，重复抽提 2 次，合并上清液。在上清液中加入 10 mg 的活性炭，80℃脱色 30 min，用 80% 乙醇定容至 10 mL，过滤后保留滤液，保存待测。

（3）测定　精确量取待测液 0.5 mL，加入 50 g · L^{-1} 苯酚溶液（注意现用现配）0.5 mL，充分混匀。垂直、快速加入 2.5 mL 浓硫酸，并用旋涡混合仪混匀。放置 10 min 后，沸水浴加热 20 min，自来水下冷却至室温。在 490 nm 处读取吸光度，以 0 号管调零，根据标准曲线计算待测液中可溶性糖含量，然后根据待测液浓度，计算样品中的含糖量。

28–2　蒽　酮　法

【实验目的】

了解可溶性糖和淀粉在植物体的作用，掌握蒽酮法测定植物组织中可溶性糖的方法。

【实验原理】

本实验测定可溶性糖的含量采用蒽酮法。可溶性糖在浓硫酸作用下会生成糠醛，糠醛可与蒽酮作用生成绿色络合物，颜色的深浅与糖含量有关，且在 625 nm 波长下的吸光度与糖含量成正比。但是由于绿色络合物的呈色强度会伴随时间而发生变化，在反应后，须立即在同一时间内比色。该实验方法简便，但没有专一性，绝大部分的糖类都能与蒽酮试剂反应，产生颜色。

【实验材料、仪器设备与试剂】

1. 实验材料

植物叶片或种子。

2. 仪器设备

分光光度计、恒温水浴锅、电子天平、烘箱、试管、微量移液器、研钵。

3. 试剂

（1）活性炭。

（2）80% 乙醇。

（3）葡萄糖标准溶液　详见苯酚法。

（4）蒽酮试剂　称取 1 g 蒽酮，溶解于 1 000 mL 稀硫酸（将 760 mL 相对密度为 1.84 的浓硫酸用蒸馏水稀释成 1 000 mL）溶液中，置于棕色瓶，当日配制使用。

【实验步骤】

（1）可溶性糖的提取　植物叶片或种子在 110℃的烘箱中烘 15 min，然后调至 70℃过夜，干叶片磨碎后称取 50 mg 样品倒入 10 mL 刻度试管内，加入 4 mL 80% 乙醇，置于 80℃水浴中不断搅拌 40 min，5 000 $r \cdot min^{-1}$ 离心，收集上清液，其残渣加入 2 mL 80% 乙醇重复提 2 次，合并上清液。在上清液中加入 10 mg 的活性炭，80℃脱色 30 min，80% 乙醇定容至 10 mL，过滤后取滤液测定。

（2）绘制标准曲线　取 20 mL 带塞试管编号，按表 28–1 配制标准葡萄糖浓度梯度溶液。然后在每只试管中分别加入 5 mL 蒽酮试剂，混匀，盖上塞子，沸水浴中煮沸 10 min，立即用流水冷却至室温，在 625 nm 波长下，用 0 号管调零，测定吸光度，以吸光度为纵坐标，葡萄糖含量为横坐标，绘制标准曲线。

（3）测定　吸取上述可溶性糖提取液 1 mL，加入 5 mL 蒽酮试剂混合，用上述同样的方法，在 625 nm 处以 0 号管调零，测得吸光度。根据标准曲线，得到样品的可溶性糖含量，然后计算出样品中的含糖量。

28–3　淀粉的测定

【实验目的】

了解可溶性糖和淀粉在植物体的作用，掌握植物组织中淀粉测定的方法。

【实验原理】

淀粉是由葡萄糖残基组成的多糖，在酸性条件下加热，可使淀粉水解成葡萄糖，然后在浓硫酸的作用下，使单糖脱水生成糠醛类化合物，利用蒽酮试剂与糠醛的显色反应，即可进行比色测定。

【实验材料、仪器设备与试剂】

1. 实验材料

种子或其他植物材料。

2. 仪器设备

分光光度计、电子天平、容量瓶、试管、恒温水浴锅、离心机、微量移液器。

3. 试剂

浓硫酸（相对密度 1.84）、1.0 $mg \cdot L^{-1}$ 葡萄糖标准溶液、蒽酮试剂（同蒽酮法）、80% 乙醇、50 $g \cdot L^{-1}$ 苯酚溶液。

【实验步骤】

（1）绘制标准曲线　同蒽酮法。

（2）样品提取　称取 50～100 mg 粉碎过 100 目筛的烘干样品，置于 15 mL 刻度试管中，加入 6～7 mL 80% 乙醇，在 80 ℃水浴中浸提 30 min，冷却至室温后，4 ℃ 3 000 r · min^{-1} 离心 5 min，收集上清液。重复两次（在水浴中浸提 10 min），收集 3 次上清液，置于 85℃恒温水浴锅中，使乙醇蒸发至 2～3 mL，转移至 50 mL 容量瓶中，用蒸馏水定容，供可溶性糖的测定。

（3）测定　取待测样品提取液 1.0 mL 于试管中，再加蒽酮试剂 5 mL，快速摇匀，然后在沸水浴中煮 10 min，取出冷却，在 620 nm 波长下，用空白管调零测定光密度，从标准曲线查出糖含量（μg）。

（4）计算

$$淀粉含量 = \frac{C \times V_T \times 0.9}{m \times V_1 \times 1\,000}$$

式中，C 为标准曲线查到的葡萄糖含量（μg）；V_T 为样品提取液总体积（mL）；V_1 为显色时所取样品液的体积（mL）；m 为样品质量（g）；0.9 为由葡萄糖换算为淀粉的系数［淀粉（$C_6H_{10}O_5$）$_n$ 水解时吸收了 n 个水分子］；1 000 为将 mg 换算成 μg。

【注意事项】

1. 实验操作中，使用到强酸溶液，注意安全，防止溅在身上和设备上。

2. 实验中，淀粉需要充分分解为糖，否则实验结果较低，不准确。

【思考题】

苯酚法和蒽酮法测定植物组织中可溶性糖有何异同？

【参考文献】

1. 王三根 . 植物生理学实验教程［M］. 北京：科学出版社，2017.

2. 李小方，张志良 . 植物生理学实验指导［M］. 5 版 . 北京：高等教育出版社，2016.

实验 29　植物组织中可溶性蛋白含量的测定

29-1　考马斯亮蓝法

【实验目的】

了解可溶性蛋白在植物体的作用，掌握考马斯亮蓝法测定植物组织中可溶性蛋白的方法。

【实验原理】

考马斯亮蓝 G-250（Coomassie brilliant blue G-250）在游离状态下呈红色，但与蛋白质结合后会呈现蓝色。蛋白质在一定范围内（1～1 000 μg），可与考马斯亮蓝结合成蛋白质复合物，在 2 min 达到平衡，且该复合物较为稳定，其颜色在 1 h 内稳定。同时，该复合物在 595 nm 波长下，具有吸收高峰，其吸光度与蛋白质含量成正比。本方法操作简便快捷，灵敏度高，重现性好，是一种常用的定量测定蛋白质的方法。

【实验材料、仪器设备与试剂】

1. 实验材料

水稻幼苗叶片或其他叶片。

2. 仪器设备

分光光度计、分析天平、离心机、具塞试管、刻度试管、滤纸、研钵、容量瓶。

3. 试剂

（1）考马斯亮蓝 G–250 溶液　称取 100 mg 考马斯亮蓝 G–250，溶解于 50 mL 95% 乙醇中，加入 100 mL 85% 磷酸，用水定容至 1 000 mL，过滤。此试剂常温下可保存 30 d。

（2）蛋白质标准溶液　精确称取结晶牛血清蛋白 100 mg，加水溶解并定容至 100 mL，即为 1 000 μg · mL^{-1} 的蛋白质标准液。

（3）磷酸盐缓冲液（pH 7.0）。

【实验步骤】

（1）绘制标准曲线　取 6 支具塞试管编号，按表 29–1 加入试剂，配制 0 ~ 1 000 μg · mL^{-1} 的蛋白质标准溶液各 1 mL。

表 29–1　蛋白质标准液配制表

试剂	管号					
	1	2	3	4	5	6
1 000 μg · mL^{-1} 蛋白质标准溶液 /mL	0	0.2	0.4	0.6	0.8	1.0
蒸馏水 /mL	1.0	0.8	0.6	0.4	0.2	0
蛋白质含量 /μg	0	200	400	600	800	1 000

取 6 支 10 mL 具塞试管编号，准确吸取上述试管溶液各 0.1 mL，再加入 5 mL 考马斯亮蓝 G–250 溶液，盖上塞子，混匀。放置 5 min 后，在 595 nm 波长下测定吸光度，1 h 内完成比色。以标准蛋白质含量为横坐标，吸光度为纵坐标，绘制标准曲线。

（2）样品中蛋白质含量的测定　将植物材料洗净，用滤纸吸干水分，称取植物材料 200 mg，放入预冷的研钵中，加入 5 mL 磷酸盐缓冲液（pH 7.0），在冰浴中研磨成匀浆，4℃ 4 000 r · min^{-1} 离心 10 min，将上清液倒入 10 mL 容量瓶。再向渣中加入 2 mL 磷酸盐缓冲液，悬浮沉淀，再次 4℃ 4 000 r · min^{-1} 离心 10 min，合并上清液，定容至刻度。

另取 1 支具塞试管，准确加入 0.1 mL 样品提取液，加入蒸馏水 0.9 mL 和 5 mL 考马斯亮蓝 G–250 试剂，其余操作与标准曲线制作相同，在 595 nm 波长下测定吸光度。

（3）计算　根据样品提取液测定得到的吸光度，查找标准曲线，得到对应的蛋白质含量（μg），按下式计算。

$$\text{样品中蛋白质含量} = \frac{\text{查得的蛋白质含量（μg）} \times \text{提取液总体积（mL）}}{\text{样品质量（g）} \times \text{测定时所用提取液体积（mL）}}$$

29–2 Lowry 法

【实验目的】

了解可溶性蛋白在植物体中的作用，掌握 Lowry 法测定植物组织中可溶性蛋白的方法。

【实验原理】

Lowry 法一般指 Folin– 酚试剂法，是最灵敏的蛋白质测定方法之一。最早由 Lowry 确定了蛋白质浓度测定的基本步骤，之后在生物化学领域得到广泛的应用。此法是蛋白质含量测定应用最广泛的一种方法，但由于其试剂的配制较困难，近年来逐渐被考马斯亮蓝法所取代。

Folin– 酚试剂法（福林 – 酚试剂法）结合了双缩脲试剂和酚试剂与蛋白质的反应，包括两步反应，第一步是在碱性条件下，与铜试剂作用生成蛋白质 – 铜络合物；第二步是此络合物将 Folin 试剂（磷钼酸和磷钨酸试剂）还原，生成磷钼蓝和磷钨酸蓝的深蓝色混合物，在 650 nm 处有吸收高峰，此混合物的颜色深浅与蛋白质含量呈正相关。在 650 nm 比色测定的灵敏度比双缩脲法高 100 倍。由于肽键显色效果增强，减少了因蛋白质种类引起的偏差。该法适于微量蛋白的测定（范围为 5 ~ 100 μg 蛋白质）。

【实验材料、仪器设备与试剂】

1. 实验材料

各种植物材料。

2. 仪器设备

分光光度计、滤纸、恒温水浴锅、定量加样器、回流装置、研钵、刻度移液管、微量滴定管、试管。

3. 试剂

（1）Folin– 酚试剂　由甲、乙两种溶液组成。

甲液：由 A、B 两种溶液组成。

A 液：40 g · L^{-1} 碳酸钠（Na_2CO_3）溶液与 0.2 mol · L^{-1} 氢氧化钠（NaOH）溶液等体积混合；

B 液：10 g · L^{-1} 硫酸铜（$CuSO_4 \cdot 5H_2O$）溶液与 20 g · L^{-1} 酒石酸钾钠溶液等体积混合。

每次使用前将 A 液与 B 液按 50 : 1 的比例混合即成，此试剂只能使用 1 d，过期失效。

乙液：称取钨酸钠（$Na_2WO_4 \cdot 2H_2O$）100 g、钼酸钠（$Na_2MoO_4 \cdot 2H_2O$）25 g，加蒸馏水 700 mL，溶解于 1 500 mL 的圆底烧瓶中，最后加入 85% H_3PO_4 50 mL，浓 HCl 100 mL，在回流装置（使用磨头接头，若用软木塞或橡皮塞时，就必须用锡铂纸包起来）中，使其慢慢沸腾 10 h。冷却后加入硫酸锂（$Li_2SO_4 \cdot H_2O$）150 g、蒸馏水 50 mL、溴水 2 ~ 3 滴，打开瓶口煮沸 15 min，以逐出过量的溴，待冷却后稀释至 1 000 mL，并过滤至棕色瓶中，密闭于冰箱中保存（冷却后溶液呈黄色，若仍呈绿色，须再滴加几滴溴水，继续煮沸 15 min）。此为 Folin– 酚试剂乙液，其最终使用浓度相当于 1 mol · L^{-1} 酸度。因此在使用前应进行标定。标定方法：取 5 mL Folin– 酚试剂乙液放入锥形瓶内，用 1 mol · L^{-1} NaOH 溶液滴定，酚酞作指示剂，当溶液突然转红再转灰绿时，即为滴定终点。计算其相当的酸度，用稀盐酸或稀氢氧化钠溶液调至相当于 1 mol · L^{-1} 酸度。

（2）蛋白质标准溶液　称取 25 mg 牛血清蛋白，溶于 100 mL 蒸馏水中，使终浓度为 250 μg · mL^{-1}。

（3）0.1 mol · L^{-1} 磷酸盐缓冲液（pH 7.0）。

【方法步骤】

1. 绘制标准曲线

（1）取 7 支具塞试管编号，分别加入 0 mL、0.1 mL、0.2 mL、0.4 mL、0.6 mL、0.8 mL、1.0 mL 蛋白质标准溶液，加入蒸馏水，补足至 1 mL，每支试管所含蛋白质含量分别为 0 $\mu g\cdot mL^{-1}$、25 $\mu g\cdot mL^{-1}$、50 $\mu g\cdot mL^{-1}$、100 $\mu g\cdot mL^{-1}$、150 $\mu g\cdot mL^{-1}$、200 $\mu g\cdot mL^{-1}$、250 $\mu g\cdot mL^{-1}$。

（2）在每支试管中分别加入 5 mL 甲液，混匀后，于 30℃下，放置 10 min。

（3）向试管中加入 0.5 mL 乙液，振荡混匀后，在 30℃下，保温 30 min。

（4）以不加标准蛋白的 1 号管为空白，在 650 nm 下测定吸光度。以标准蛋白浓度为横坐标，吸光度为纵坐标，绘制标准曲线。

2. 样品的测定

称取植物材料 0.8 g，用 5 mL 蒸馏水或 pH 7.0 磷酸盐缓冲液研磨成匀浆，定容至 25 mL，用滤纸过滤，取滤液 1.0 mL 于试管中，然后重复标准曲线绘制中的步骤，以空白管调零，测定吸光度。根据标准曲线计算，求出样品中的蛋白质含量。

3. 计算

$$样品中蛋白质的含量=\frac{C\times V_T}{m\times V_S\times 1\,000}$$

式中，C 为标准曲线查得的蛋白质含量（μg）；V_T 为提取液总体积（mL）；V_S 为测定时加样量（mL）；m 为样品鲜重（g）；1 000 为将 mg 换算成 μg。

【注意事项】

1. 若实验中存在其他还原物质、其他酚类物质及柠檬酸，会对此反应产生干扰。

2. Folin- 酚试剂在酸性条件下较为稳定，但此实验的反应是在 pH 10 时发生，所以再加入酚试剂时，必须立即混匀，避免磷钼酸 – 磷钨酸试剂被破坏，否则会影响实验结果。

【思考题】

测定植物组织中可溶性蛋白的含量有何意义？

【参考文献】

李小方，张志良 . 植物生理学实验指导［M］. 5 版 . 北京：高等教育出版社，2016.

实验 30　植物粗纤维含量的测定

【实验目的】

了解粗纤维在植物体的作用，掌握植物组织中粗纤维的测定方法。

【实验原理】

粗纤维是指不能被稀酸、稀碱溶解，不能被人体或家畜消化利用的天然有机物质，其主要成分为纤维素、残存的半纤维素和木质素。粗纤维含量的测定是利用硫酸、碱、乙醇、乙醚相继处理样品，其中硫酸能水解某些不溶性的糖类，碱可使不溶性的蛋白质转变为可溶态，并除去脂肪等化合物。乙醇和乙醚能抽提出树脂、单宁、色素及剩余的脂肪和蛋白质。因此，最后只剩下不溶性的粗纤维，进行测定。

【实验材料、仪器设备与试剂】

1. 实验材料

植物叶片或果实。

2. 仪器设备

电子天平、烘箱、称量瓶、锥形瓶、烧杯、研钵、记号笔、滤纸等。

3. 试剂

（1）70%～80%乙醇。

（2）12.5 g · L^{-1} NaOH溶液。

（3）12.5 g · L^{-1} 硫酸溶液　取相对密度为1.84的浓硫酸13 mL，加水稀释到1 L。

（4）石蕊试剂。

【实验步骤】

（1）称量　将植物材料磨碎，称取样品3 g，放入已知质量的称量瓶中，在电子天平上准确称量，无损失地倒入烧瓶中。

（2）酸处理　在烧杯外壁上的200 mL处，用记号笔标记，将200 mL 12.5 g · L^{-1} 硫酸溶液倒入瓶中，煮沸，再继续加热30 min。加热时应防止剧烈沸腾，需要连续搅拌，并每5 min向瓶内倒入沸水，使其内容物到达标记处，以保持酸浓度不变。

（3）过滤　煮沸结束后，用滤纸（已知质量）过滤，并用蒸馏水冲洗烧杯及滤纸，直至滤液用石蕊试剂测定为中性反应为止。

（4）碱处理　使用12.5 g · L^{-1} NaOH溶液将滤纸上的沉淀全部洗入烧瓶内，继续加热至沸腾，同样加热30 min，操作同酸处理。

（5）洗涤　加热结束后，冷却至室温，用前步骤所用的滤纸过滤，蒸馏水冲洗2～3次，再用乙醇冲洗2～3次，直至滤液无色。

（6）烘干　将滤纸和沉淀放入已知质量的称量瓶中，在100～105℃烘箱中烘至恒重并称重。

（7）计算　已知植物材质量为m，滤纸及纤维质量为m_1，滤纸质量为m_2，则：

$$粗纤维质量 = \frac{m_1 - m_2}{m} \times 100\%$$

【注意事项】

在强酸、强碱处理加热时，为防止剧烈沸腾，应连续搅拌，同时应及时补足沸水，以保持酸碱浓度不变。

【思考题】

测定植物组织中粗纤维的含量时应注意什么？

【参考文献】

王三根. 植物生理学实验教程［M］. 北京：科学出版社，2017.

实验31　原花青素含量测定

【实验目的】

了解原花青素（proanthocyanidin，PC）的生物学功能，掌握原花青素的提取及检测方法。

【实验原理】

原花青素是广泛存在于植物界的多酚类化合物的总称，是由不同数量的儿茶素或表儿茶素缩合而成的聚合体，按照聚合度的大小可以分为低聚体和高聚体。原花青素和黄烷 –3– 醇单体的 A 环化学活性较高，在酸性条件下，其上的间苯二酚或间苯三酚与香草醛发生缩和，产物在浓酸作用下形成红色的正碳离子，样品的浓度与产生的颜色呈正相关，通过在 500 nm 波长下测定其吸光度可计算其含量。

【实验材料、仪器设备与试剂】

1. 实验材料

葡萄籽（粉碎后过 60 目筛备用）。

2. 仪器设备

分光光度计、分析天平、恒温水浴锅、旋转蒸发仪、真空泵、烘箱、离心机、试管、培养皿。

3. 试剂

95% 乙醇、70% 乙醇、甲醇、浓盐酸、香草醛、儿茶素。

【实验步骤】

1. 原花青素提取

称取 60 目的葡萄籽粉 1.0 g，按照料液比为 1∶10（g∶mL）加入 70% 乙醇 10 mL，在 60℃下浸提 1 h 后抽滤并收集滤液，60℃下减压浓缩后倒入培养皿中，置于烘箱中 60℃下烘干备用。

2. 原花青素测定

（1）儿茶素标准曲线制作　称取 100 mg 儿茶素用 50 mL 甲醇进行溶解，配制 2 mg · mL^{-1} 的儿茶素溶液，按照表 31–1 配制浓度梯度溶液，充分混匀后取上清液 1 mL 置于 10 mL 试管中，加入 3 mL 浓盐酸和 6 mL 40 g · L^{-1} 香草醛甲醇溶液，加塞摇匀，在 40℃水浴 1 h 后，在波长 500 nm 处测其吸光度，以甲醇作为对照，根据吸光度与浓度对应关系绘制标准曲线，每组重复 3 次。

表 31–1　儿茶素标准溶液配制表

	1	2	3	4	5	6
儿茶素标准溶液 /mL	0	0.75	1.50	2.25	3.00	3.75
甲醇 /mL	10	9.25	8.50	7.75	7.00	6.25
定容体积 /mL	10	10	10	10	10	10
质量浓度 /（mg · mL^{-1}）	0	0.15	0.30	0.45	0.60	0.75

（2）称取 0.5 g 原花青素提取物粉末溶解于 20 mL 95% 乙醇中，在 45℃下，当真空泵压力达到 0.07 MPa 开始计时，旋蒸 10 min，用 8 mL 甲醇定容，7 000 r · min^{-1} 离心 10 min，取 1 mL 上清液置于 10 mL 试管中，加入 3 mL 浓盐酸和 6 mL 40 g · L^{-1} 香草醛甲醇溶液，加塞摇匀，在 40℃水浴 1 h 后，在波长 500 nm 处测定吸光度，以甲醇作为对照。

【注意事项】

1. 在使用盐酸时，浓度不宜过高，盐酸浓度过高易使香草醛发生自缩合反应和氧化分解。

2. 使用盐酸时佩戴好橡胶手套。

【思考题】

1. 盐酸的作用是什么？

2. 分光光度法的缺点是什么？

【参考文献】

赵利敏，马绍英，杨海荣，等. 响应面分析法优化葡萄籽原花青素的提取工艺［J］. 甘肃农业大学学报，2012，47（2）：120–125.

实验 32　硫代葡糖苷的提取与高效液相色谱法测定

【实验目的】

了解硫代葡糖苷的生物学功能，掌握硫代葡糖苷提取及高效液相色谱的检测方法。

【实验原理】

硫代葡糖苷（glucosinolate），简称硫苷，是十字花科植物中一种重要的次生代谢产物，根据侧链基团的不同，可以把硫苷分为脂肪族、芳香族和吲哚族三大类。目前已发现的硫苷有 120 多种。存在于十字花科蔬菜中的约有 15 种，存在于芥菜类蔬菜中的有 9 种。脂肪族硫代葡糖苷 – 萝卜硫苷（4– 甲基亚磺酰基丁烯基硫苷）的降解产物萝卜硫素具有防癌抗癌的功效，萝卜硫素可溶于乙醇等有机溶剂，在 226 nm 波长下具有最大吸收峰。

【实验材料、仪器设备与试剂】

1. 实验材料

新鲜西兰花。

2. 仪器设备

高效液相色谱仪、旋转蒸发仪、真空泵、微量移液器、烧杯、超声波振荡仪、研钵、刀片、保鲜膜、滤纸、具塞试管、容量瓶、分析天平、恒温水浴锅。

3. 试剂

80% 乙醇、氯仿、正丁醇、甲醇、硫苷标准品（色谱纯）。

【实验步骤】

1. 硫苷提取

（1）将西兰花切成小块，称取 20 g，置于 500 mL 烧杯中，以料液比 1：12（g：mL）加入 80% 乙醇 240 mL，用保鲜膜封口，80℃水浴 30 min，纱布过滤，收集滤液，研磨材料成糊状，加入 80% 乙醇 240 mL，80℃水浴 20 min，超声波振荡仪振荡 15 min，过滤收集滤液，合并滤液 55℃旋蒸浓缩，用去离子水溶解并定容至 20 mL。

（2）去蛋白　取硫苷粗提取液 4 mL，加入氯仿 – 正丁醇（预先配制成体积比为 4：1 混合液）溶液 1 mL，置于具塞试管中，充分振摇 30 min 后，10 000 r · min^{-1} 离心 10 min，取上清液待测。

2. 硫苷测定

（1）硫苷标准溶液配制　称取 20.00 mg 纯度为 99% 的硫苷标准品（色谱纯）溶解于 20 mL 去离子水中，c（硫代葡糖苷）=1 mg · mL^{-1}，按表 32–1 配制梯度溶液，建立硫苷标准曲线，计算硫苷的含量。

表 32–1　硫苷标准溶液配制表

	1	2	3	4	5	6	7
硫苷标准溶液 /mL	0.015	0.060	0.120	0.240	0.360	0.480	0.600
去离子水 /mL	2.985	2.940	2.880	2.760	2.640	2.520	2.400
定容体积 /mL	3	3	3	3	3	3	3
质量浓度 /（μg · mL^{-1}）	5	20	40	80	120	160	200

（2）硫苷高效液相色谱检测条件　利用高效液相色谱仪检测硫苷。参数设置如下：依利特 Hypersil BDSC18（250 mm × 4.6 mm，5 μm）色谱柱；流动相为甲醇：水（含 1 g · L^{-1} 四甲基溴化铵溶液）=4：96（mL：mL）；流速为 0.8 mL · min^{-1}；柱温为 35℃；检测波长为 226 nm；进样量为 20 μL。测得峰面积代入回归方程，计算硫代葡糖苷含量。

【注意事项】

1. 使用甲醇时佩戴好橡胶手套和口罩。

2. 在专业人员指导下进行高效液相色谱仪的使用。

【思考题】

1. 影响硫苷提取的因素有哪些?

2. 高效液相色谱法的优点是什么?

【参考文献】

叶珊珊 . 西兰花中萝卜硫苷的提取及降解产物抑菌活性研究［D］. 杭州：浙江工商大学，2013.

实验 33　萝卜硫素的提取与高效液相色谱法测定

【实验目的】

了解萝卜硫素的生物学功能，掌握萝卜硫素的提取及高效液相色谱的检测方法。

【实验原理】

萝卜硫素（sulforphane）是十字花科植物中的硫代葡糖苷的酶解产物，在抗癌、抗氧化以及预防心血管疾病等方面起着重要作用。萝卜硫素易溶于水和有机溶剂，在 201 nm 波长下具有最大吸收峰。

【实验材料、仪器设备与试剂】

1. 材料

新鲜西兰花。

2. 仪器设备

高效液相色谱仪、微量移液器、旋转蒸发仪、滤纸、真空泵、粉碎机、筛子（60 目）、超声波振荡仪、恒温水浴锅、锥形瓶。

3. 试剂

95% 乙醇、乙酸乙酯、色谱甲醇、萝卜硫素标准品（色谱纯）。

【实验步骤】

1. 萝卜硫素提取

（1）新鲜西兰花经脱水、烘干、粉碎后得到西兰花干粉。

（2）制备芥子酶液　黄芥子粉碎，60 目筛子过筛。称取 5.0 g 芥子粉按 1∶20（g∶mL）加入蒸馏水 100 mL，25℃超声波振荡仪振荡 30 min 后，抽滤除杂得粗芥子酶液于 150 mL 锥形瓶内。

（3）称取西兰花粉 5.0 g，以料液比 1∶5（g∶mL）加入 25 mL 芥子酶液于 500 mL 锥形瓶后，置于 37℃下水浴 60 min。再以 1∶20 的比例（g∶mL）加入 100 mL 95% 乙醇，超声波振荡 30 min，过滤收集滤液，65℃旋蒸，至液体完全蒸干，10 mL 蒸馏水冲洗蒸馏瓶，1∶3（mL∶mL）比例加入 30 mL 乙酸乙酯萃取 2 次，合并乙酸乙酯相 60℃旋蒸溶液至膏状，色谱甲醇溶解并定容至 5 mL，利用高效液相色谱法检测。

2. 萝卜硫素测定

（1）萝卜硫素标准溶液配制　20 mg 纯度为 99% 的萝卜硫素标准品溶解于 10 mL 去离子水中，萝卜硫素质量浓度为 2 mg · mL^{-1}，按表 33–1 配制梯度溶液，绘制萝卜硫素标准曲线。

表 33–1　萝卜硫素标准溶液配制表

	1	2	3	4	5	6	7
萝卜硫素标准溶液 /mL	0.025	0.100	0.200	0.400	0.600	0.800	1.000
去离子水 /mL	4.975	4.900	4.800	4.600	4.400	4.200	4.000
定容体积 /mL	5	5	5	5	5	5	5
质量浓度 /（μg · mL^{-1}）	10	40	80	160	240	320	400

（2）萝卜硫素高效液相色谱检测条件　利用高效液相色谱仪检测萝卜硫素。参数设置如下：WondaSil C18（150 mm × 4.6 mm，5 μm）色谱柱；有机相为色谱甲醇，水相为超纯水；二元高压洗脱程序为 35% 甲醇 0.01 ~ 12 min，100% 甲醇 12 ~ 20 min，35% 甲醇 20 ~ 25 min；流速为 0.8 mL · min^{-1}；柱温为 37℃；检测波长为 201 nm；进样量为 20 μL。测得峰面积代入回归方程，计算萝卜硫素含量。

【注意事项】

1. 使用甲醇和乙酸乙酯时佩戴好橡胶手套和口罩。

2. 在专业人员指导下进行高效液相色谱仪的使用。

【思考题】

1. 外源芥子酶的作用是什么？

2. 检测波长太低有什么影响？

【参考文献】

胡翠珍，李胜，马绍英，等 . 响应面优化西兰花中萝卜硫素复合提取工艺［J］. 食品工业科技，2016，37（4）：271–277.

实验 34　白藜芦醇的提取与高效液相色谱法测定

【实验目的】

了解白藜芦醇的生物学功能，掌握白藜芦醇的提取及高效液相色谱的检测方法。

【实验原理】

白藜芦醇是蒽醌萜类（非黄酮类）的多酚化合物，具有酚和芪的特性，分子式为 $C_{14}H_{12}O_3$，相对分子质量为 228.25；无味、白色针状结晶，难溶于水，易溶于乙醚、氯仿、甲醇、乙醇、丙酮等有机溶剂，在 306 nm 波长下有吸收峰。

【实验材料、仪器设备与试剂】

1. 实验材料

葡萄籽。

2. 仪器设备

高效液相色谱仪、微量移液器、旋转蒸发仪、真空泵、研钵、锥形瓶、粉碎机、滤纸、筛子（60 目）、分析天平、恒温水浴锅、蒸馏瓶、离心管。

3. 试剂

95% 乙醇、乙酸乙酯、色谱甲醇、乙腈、白藜芦醇标准品（色谱纯）。

【实验步骤】

1. 葡萄籽粉碎

取少量葡萄籽于粉碎机中粉碎。将粉碎得到的葡萄籽粉使用 60 目筛子过筛，筛得细粉可用于后续实验。

2. 白藜芦醇提取

称取葡萄籽粉 2.0 g 至 150 mL 锥形瓶中，按 1：30（g：mL）比例添加乙酸乙酯 60 mL，35℃浸提 2 次，每次 0.5 h，过滤合并滤液于蒸馏瓶中，置于 80℃水浴浓缩至乙酸乙酯挥发完全，加入 5 mL 色谱甲醇溶解瓶底残余物，倒入 10 mL 离心管，利用高效液相色谱法检测。

3. 白藜芦醇测定

（1）白藜芦醇标准溶液配制　称取 20.00 mg 纯度为 99% 的白藜芦醇标准品（色谱纯）溶解于 10 mL 去离子水中，白藜芦醇质量浓度为 2 mg · mL^{-1}，按表 34–1 配制梯度溶液，建立白藜芦醇标准曲线及回归方程。

表 34–1　白藜芦醇标准溶液配制表

	1	2	3	4	5	6	7
白藜芦醇标准溶液 /mL	0.012 5	0.050 0	0.100 0	0.200 0	0.500 0	0.750 0	1.000 0
去离子水 /mL	4.987 5	4.950 0	4.900 0	4.800 0	4.500 0	4.250 0	4.000 0
定容体积 /mL	5	5	5	5	5	5	5
质量浓度 /（μg · mL^{-1}）	5	20	40	80	200	300	400

（2）白藜芦醇高效液相色谱检测条件　利用高效液相色谱仪检测白藜芦醇。参数设置如下：岛津 WondaSil C18（150 mm × 4.6 mm，5 μm）色谱柱；有机相为乙腈，水相为超纯水；二元高压洗脱程序为 20% 乙腈 0.01 ~ 4 min，80% 乙腈 4 ~ 20 min；流速为 0.5 mL · min^{-1}；柱温为 30℃；检测波长为 306 nm；进样量为 20 μL。测得峰面积代入回归方程，计算白藜芦醇含量。

【注意事项】

1. 使用甲醇和乙酸乙酯时佩戴好橡胶手套和口罩。
2. 在专业人员指导下进行高效液相色谱仪的使用。

【思考题】

1. 白藜芦醇的功能有哪些？
2. 影响白藜芦醇提取的因素有哪些？

【参考文献】

罗丽媛，李胜，马绍英，等 . LED 不同光质对葡萄愈伤组织及白藜芦醇合成的影响［J］. 甘肃农业大学学报，2010，45（5）：46-50.

第六章　植物生长物质与信号转导

实验 35　植物激素的提取、分离与纯化及高效液相色谱法测定

【实验目的】

学习植物内源激素的提取、分离和纯化方法，并掌握溶剂萃取、薄层层析、C_{18} 胶柱分离纯化植物激素的基本原理和高效液相色谱法检测植物激素的方法。

目前已知的植物激素有生长素（IAA）、赤霉素（GA）、细胞分裂素（CTK）、脱落酸（ABA）和乙烯（ETH）5 大类。利用各种激素的理化性质不同，如在溶剂中的溶解性、极性或者在不同 pH 条件下的溶解度等，可以将植物激素从新鲜样品中提取出来，采用溶剂萃取、薄层层析、C_{18} 胶柱（Sep-Pak C_{18} Cartridge）分离等技术可进行进一步的分离和纯化。

由于不同的检测方法对激素提取液的纯度要求不同，可以选择适当的提取、分离方法。本实验介绍溶剂萃取法、薄层层析法和 C_{18} 胶柱分离法等纯化技术，可分别用于仪器检测（如气相色谱、高效液相色谱等）和酶联免疫吸附测定法的样品前处理过程。

35-1　溶剂萃取法

【实验原理】

当用两种互不相溶的溶剂提取时，由于各种植物激素在不同溶剂中及不同 pH 下的分配系数不同，使之从一种溶剂转移到另一种溶剂。如中性激素，依据在有机相与水相的分配系数，选择适当的有机溶剂萃取，活性物质便进入有机相，糖和有机酸等留在水相。当 pH 调至酸性（pH 2.8 ~ 3.0）时，酸性激素（如 ABA、IAA、GA）呈分子态而易溶于有机相；细胞分裂素为碱性物质，调 pH 至碱性（pH 8.0）时，即可进入有机相，而杂质则留在水相，从而得到初步分离纯化。

应用离子交换树脂进一步分离纯化，可得到较纯的样品。一般酸性物质吸附在阴性树脂上，碱性物质则吸附在阳性树脂上，选择适当的树脂与洗脱液，可以有效地将激素分离出来。最后通过层析分离，便得到较纯的样品。

【实验材料、仪器设备与试剂】

1. 实验材料

新鲜植物材料。

2. 仪器设备

分析天平、剪刀、滤纸、冰箱、研钵、冰浴装置、烧杯、减压蒸馏装置、PVP 柱、

Dowex 50 柱等。

3. 试剂

95% 甲醇、80% 甲醇、95% 乙醇、饱和正丁醇、石油醚、1.0 mol · L^{-1} 柠檬酸溶液、聚乙烯吡咯烷酮（PVP）、1.0 mol · L^{-1} 乙酸乙酯溶液、3.0 mol · L^{-1} 氨水、0.1 mol · L^{-1} 柠檬酸－磷酸缓冲液、1.0 mol · L^{-1} NaOH 溶液。

【实验步骤】

1. 样品提取

称取玉米黄化幼苗 25 g，剪碎后加入在 0℃下预冷的 95% 甲醇（或 95% 冷丙酮）100 mL，匀浆 5 min，匀浆液在 0℃下避光搅拌提取 4 h，过滤，滤液置 4℃冰箱中保存；残渣用 30 mL 预冷 80% 甲醇重复提取 2 次，每次搅拌 1 h，将滤液合并后在 40℃下减压浓缩至原体积的 1/2，加入 20 mL 石油醚以萃取色素。弃去上层石油醚色素溶液，将下层甲醇溶液继续减压浓缩至水相（约 35 mL），在此水相中含有 IAA、GA、ABA 和 CTK 等。

2. 分离纯化

（1）PVP 过滤　用 1.0 mol · L^{-1} 柠檬酸溶液将浓缩液的 pH 调至 6.4，然后过 PVP 柱（高约 4 cm），过滤完后，用 20 mL 0.1 mol · L^{-1} 柠檬酸－磷酸缓冲液洗柱，并将洗涤液与滤液合并。

（2）溶剂萃取　经过 PVP 柱的滤液用 1.0 mol · L^{-1} 柠檬酸溶液调 pH 至 2.8，加入等体积的乙酸乙酯溶液萃取 3 次，合并萃取液，保留水相。此时，IAA、GA、ABA 转移至乙酸乙酯溶液中，CTK 则存在于水相中。

（3）将乙酸乙酯溶液在 40℃下减压浓缩至干后，用 2 mL 95% 甲醇溶解残留物（内含 IAA、GA 和 ABA），并于 4℃冰箱内保存备用。

（4）将步骤（2）中含有 CTK 的水相溶液在 40℃下减压蒸去残留的乙酸乙酯，过滤。将滤液的 pH 调至 2.8 后，上 Dowex 50 柱，先用 50 mL 蒸馏水洗柱，再用 50 mL 3.0 mol · L^{-1} 氨水洗脱。收集洗脱液，减压浓缩至无氨，将剩余溶液用 1.0 mol · L^{-1} NaOH 溶液调 pH 至 8.0，并用等体积的饱和正丁醇萃取 3 次，合并萃取液，40℃下减压蒸馏除去正丁醇，用 2 mL 95% 乙醇溶解残留物，4℃冰箱保存备用（内含 CTK）。

35–2　薄层层析法

【实验原理】

薄层层析（thin-layer chromatography，TLC）法分离样品主要包括吸附、分配和离子交换等过程。植物激素的分离纯化常采用吸附薄层层析。当样品组分在吸附薄层板上进行分离时，由于样品极性差异，不同组分与吸附剂和展层剂的亲和力强弱不同，从而导致各个组分在薄层板上的移动距离不同，促使样品中的各个组分彼此分离。操作容易，设备简单，分离效率高。而且层析展开时间短，只需要数分钟到数小时，即可获得结果；同时又可使用腐蚀性的显色剂，并能在高温下显色。已经广泛应用于植物激素、氨基酸、核苷酸、有机酸和糖脂等有机化合物的分离纯化。

【实验材料、仪器设备与试剂】

1. 实验材料

溶剂萃取法分离的纯化液。

2. 仪器设备

分析天平、烧杯、20 cm × 8 cm 的玻璃板、烘箱、紫外灯、微量移液器、层析缸、研钵、移液管、容量瓶。

3. 试剂

硅胶 GF、4 g · L^{-1} 聚乙烯醇溶液、95% 乙醇、95% 甲醇、各种植物激素标准样（浓度为 1 mg · mL^{-1} 的 IAA、ABA 和 GA_3 用 95% 甲醇或 95% 乙醇溶解；CTK 的标准样可选用异戊烯腺嘌呤或玉米素，用 2 mol · L^{-1} HCl 溶液或 NaOH 溶液溶解）、展开剂（异丙醇：氨水：蒸馏水 = 10：1：1 或正丁醇：异丙醇：氨水：蒸馏水 = 2：8：1：1）、pH 5.4 的柠檬酸 – 磷酸缓冲液。

【实验步骤】

（1）制板　称取硅胶 GF 5 g，加入 4 g · L^{-1} 聚乙烯醇溶液 2 mL，在烧杯中搅拌至变成黏稠状时，开始铺板，一般可制 20 cm × 8 cm 的玻璃板 4 ~ 5 块。制好的薄层板在室温下晾干，使用前在 110℃烘箱中活化 30 min。

（2）点样　取两块薄层板，在第一块板上准备点含有 IAA、ABA 和 GA_3 的甲醇溶解液，第二块板点含有 CTK 的乙醇溶解液。其操作方法：用微量移液器吸取 100 μL 样液，分 3 ~ 4 次点在距薄层板边缘 1 cm 的位置上，样点直径不超过 3 mm，各点之间的距离 1 ~ 1.5 cm。点完待测样后，再分别点上 IAA、ABA 和 GA_3 三个标准样。第二块板的操作完全相同，标准样则使用 CTK。

（3）展层　将点样后的薄层板架放在盛有展开剂的层析缸中，先不与展开剂接触，加盖后饱和 1 h，再将薄层板的点样端浸入展开剂中 3 ~ 4 mm，当展开剂前沿距薄层板顶端 1 cm 左右时，停止展层。

（4）定位检测　取出薄层板，微风吹干，在紫外灯下观察色斑，根据标准样点的位置来确定未知样点中各植物激素的位置，并用铅笔圈出范围进行定位。注意应尽量缩短在紫外灯下观察的时间，避免样品分解。

（5）洗脱　将含有激素色斑的硅胶分别刮下，95% 乙醇浸提（洗脱）3 次，每次 1 h，合并浸提液，N_2 吹干或减压蒸干后，用 pH 5.4 的柠檬酸 – 磷酸缓冲液溶解、定容，供进一步定量检测用。

（6）定量　用 pH 5.4 的柠檬酸 – 磷酸缓冲液溶解、定容后，可采用气相色谱、酶联免疫吸附测定或其他方法进行植物激素的定量分析。

35–3　C_{18} 胶柱分离法

【实验原理】

C_{18} 胶柱（Sep–PaK C_{18} Cartridge）可根据样品溶质极性不同，分离水溶液中或极性较大的水和有机溶剂中的混合物。当甲醇或丙酮等有机溶剂的提取液通过 C_{18} 胶柱时，能有效地去除脂溶性色素。C_{18} 胶柱分离法常用于酶联免疫吸附测定中的样品前处理。

【实验材料、仪器设备与试剂】

1. 实验材料

新鲜植物样品。

2. 仪器设备

C_{18} 胶柱（Sep-PaK C_{18} Cartridge）分离纯化装置、离心管、分析天平、研钵、容量瓶、冰箱。

3. 试剂

80% 甲醇、纯甲醇、乙醚。

【实验步骤】

1. 样品提取

准确称取植物鲜样 1.000 0 g，精确至 0.1 mg，分 3 次加入预冷的 80% 甲醇 3 ~ 4 mL，在冰浴中研磨提取 3 次（弱光下进行），合并提取液并定容到 5 mL。在 4℃下 5 000 r · min^{-1} 离心 10 min，上清液在 −40℃黑暗中可保存一个月。暂时不需要进行分析的样品，可以在称取鲜重后，加入 3 mL 80% 甲醇，密封保存在 −20℃冰箱中。

2. 分离与纯化

C_{18} 胶柱分离纯化装置如图 35-1 所示，其分离过程如下。

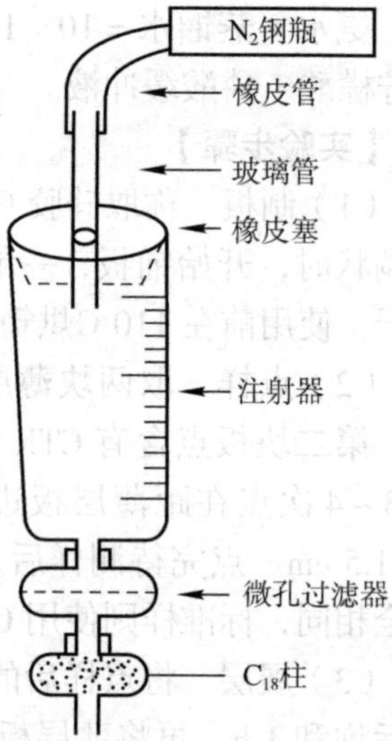

图 35-1　C_{18} 胶柱分离纯化装置

（1）新柱的前处理　用 4 mL 纯甲醇湿润胶柱，排除甲醇；用 4 mL 80% 甲醇漂洗胶柱，排除漂洗液。

（2）加入样品　将提取的分析样品（2 ~ 3 mL）加入处理好的胶柱上，控制流速至每分钟 30 滴左右，弃去开始流出的纯化液约 0.5 mL，收集中段流出液 1 ~ 1.5 mL 备用。

（3）旧胶柱的再生　分离过 1 个样品后，胶柱必须经过再生才能进行下一个样品的分离。具体方法如下。

① 用 4 mL 纯甲醇漂洗胶柱，排除甲醇；

② 用 4 mL 乙醚通过胶柱，洗去亲脂色素，排除乙醚（当胶柱上色素残留较多时，可重复此步骤）；

③ 用 4 mL 80% 甲醇漂洗胶柱，排除漂洗液；

④ 可进行下一个样品的分离纯化。

根据提取样品液中亲脂色素含量的不同，一般每支胶柱可重复使用 15 ~ 20 次。处理过的样品可在 −40℃下保存备用。

【注意事项】

1. 所用材料必须新鲜，随取随用，避免取样时间过长引起植物激素含量改变。

2. 在提取、分离和纯化过程中必须保持低温环境，并避免强光照射。

35-4　高效液相色谱法

【实验原理】

高效液相色谱法（high performance liquid chromatography）又称高压液相色谱法（high pressure liquid chromatography），简称 HPLC，按其固定相的性质可分为高效凝胶色谱、疏

水性高效液相色谱、反相高效液相色谱、高效离子交换液相色谱、高效亲和液相色谱以及高效聚焦液相色谱等类型。用不同类型的高效液相色谱分离或分析各种化合物的原理与普通液相层析的原理相似，但须在色谱仪中进行。高效液相色谱吸收了普通液相层析和气相色谱的优点，经过适当改革发展而来。它既有普通液相层析的功能（可在常温下分离制备水溶性的物质），又有气相色谱的特点（即高压、高速、高分辨率和高灵敏度）。适用于很多不易挥发、难热分解物质（如金属离子、蛋白质、肽类、氨基酸及其衍生物、核苷、核苷酸、核酸、单糖、寡糖和激素等）的制备和分离，以及定性和定量测定。高效液相色谱仪一般由溶剂槽、高压泵、分析柱、进样器、检测器、部分收集器、记录仪、数据处理机等单元组成，有的还有梯度仪和流量测量装置。高效液相色谱与质谱联用法以其分离效率高、检出限低、耗时少、样品量少等优点，成为植物激素的重要分析方法。

【实验材料、仪器设备与试剂】

1. 实验材料

植物种子或叶片。

2. 仪器设备

超高效液相色谱与质谱联用仪、组织破碎研磨仪、高速冷冻离心机、超低温冰箱、0.22 μm 微孔滤膜、培养皿、滤纸、恒温培养箱、分析天平、离心管。

3. 试剂

生长素（IAA）、脱落酸（ABA）、赤霉素（GA）、茉莉酸（JA）、水杨酸（SA）标准品；80% 甲醇、纯乙醇和乙腈（色谱纯）；1 g · L^{-1} HgCl 溶液（或 70% 乙醇）；液氮；1 g · L^{-1} 甲酸 – 乙腈溶液。

【实验步骤】

1. 植物材料培养

取适量饱满的植物种子用 1 g · L^{-1} HgCl 溶液（或 70% 乙醇）消毒 10 min，再用无菌水反复冲洗干净，备用。将消过毒的种子分别放在盛有去离子水浸湿滤纸的培养皿中，置于 25℃恒温培养箱中萌发 2 d，不定时观察，待种子吸胀、露白后，转入 25℃光照培养箱中培养 2 d，激素提取采用萌发 2 d 后的幼苗进行实验。

2. 绘制标准曲线

（1）配制标准溶液　分别准确称取 10.00 mg（精确到 0.01 mg）的 IAA、ABA、GA、JA 和 SA 标准品，用 100% 甲醇定容到 1 mL，配制成 10 mg · mL^{-1} 的标准储备液，混匀，密封，–20℃储存。使用时分别吸取上述标准储备液，用液相体系定容，配制成 10 μg · mL^{-1} 的混合标准溶液，并进一步稀释成一系列的标准溶液，等待检测。

（2）配制植物激素的一系列标准溶液，在确定的色谱条件下进行分析，以各种激素浓度（ng · mL^{-1}）为横坐标 x，峰面积为纵坐标 y，获得线性方程。

3. 植物激素提取

取新鲜幼苗叶片，用清水漂洗数次，滤纸将表面上的水吸干，放于液氮中迅速冻干，称取 0.1 g 冻干样品于离心管中，加入 3 ~ 5 颗小钢珠，用组织破碎研磨仪充分破碎。向装有样品粉末的离心管中加入 5 mL 80% 甲醇，于 4℃冰箱内放置一夜，避光浸提。样品经过夜浸提后，用高速冷冻离心机 4℃ 12 000 r · min^{-1} 离心 15 min。离心后，将上清液吸入新的离心管中，加入 200 μL 提取液，4℃ 12 000 r · min^{-1} 再次离心 15 min，将植物激素充分萃取出来。

依次用10 mL纯乙醇、20 mL超纯水、10 mL 80%甲醇通过装有提取液的C_{18}胶柱（200 mg），使过滤柱达到活化程度。C_{18}胶柱纯化后的提取液再用0.22 μm微孔滤膜过滤，以便充分清除其中杂质及叶绿素等干扰物质。

4. 色谱条件

Waters C_{18}（100 mm × 2.1 mm，3 μm）色谱柱；流动相为1 g · L^{-1}甲酸 – 乙腈溶液；线性洗脱梯度为5%乙腈0 ~ 1 min，5% ~ 60%乙腈1 ~ 3 min，60% ~ 95%乙腈3 ~ 6 min，95%乙腈6 ~ 7 min，5%乙腈7 ~ 10 min；流速为300 μL · min^{-1}；柱温为25℃；样品盘温度4℃；进样量5 μL；分析时间10 min。

【思考题】

1. 比较3种分离纯化植物激素方法的优点和不足之处。
2. 提取植物激素过程中为什么要求低温、快速和避免光照？

【参考文献】

1. 高俊凤. 植物生理学实验技术［M］. 西安：世界图书出版公司，2000.
2. 王学奎，黄见良. 植物生理生化实验原理和技术［M］. 3版. 北京：高等教育出版社，2015.

实验36　酶联免疫吸附测定植物激素的含量

【实验目的】

了解酶联免疫吸附测定的基本原理，掌握酶联免疫吸附测定植物激素的方法。

【实验原理】

植物激素免疫定量主要有放射免疫测定和酶联免疫吸附测定（ELISA），由于放射免疫测定操作上欠安全，目前常采用酶联免疫吸附测定。在ELISA中，抗原抗体反应的检测依靠酶标记物来实现，常用的酶有辣根过氧化物酶和碱性磷酸酯酶。酶可直接标记激素分子，称为酶标激素，也可标记于第二抗体（识别抗激素抗体Fc片段的抗体或金黄色葡萄球菌A蛋白），称为酶标二抗。这两类标记物分别用于固相抗体型和固相抗原型ELISA。

（1）固相抗体型ELISA　将抗激素的单克隆抗体（MAb）与已吸附于固相载体上的兔抗鼠Ig抗体（RAMIG）结合，然后加入激素标准品或待测样品，使其与固相化的MAb结合，再加入辣根过氧化物酶（HRP）标记激素（酶标激素）。通过测定酶标激素的结合量，可换算出未知样品中激素的含量。

（2）固相抗原型ELISA　将“激素 – 蛋白质”复合物（该蛋白质应不同于免疫原中的载体蛋白）包被于固相载体，加入待测激素（样品或标准品）和抗IAA多克隆抗体（PAb），进行竞争反应，然后让HRP标记羊抗兔Ig抗体（h–GARIG）与结合在固相上的PAb反应，通过测定与固相结合的酶量，换算出未知样品中激素的含量。

【实验材料、仪器设备与试剂】

1. 实验材料

高等植物、真菌、藻类等组织或器官。

2. 仪器设备

酶联免疫吸附测定仪、高速冷冻离心机、恒温培养箱、连续进样器、涡旋仪、96孔微孔板。

3. 试剂

（1）洗涤缓冲液　0.01 mol · L^{-1} pH 7.4 磷酸盐（PBS）缓冲液，含 0.5 g · L^{-1} Tween–20。

（2）RAMIG 溶液和“激素 – 蛋白质”复合物溶液。

（3）1 g · L^{-1} 封闭蛋白溶液（该蛋白应不同于免疫原中的载体蛋白）。

（4）抗激素 MAb 和 PAb 溶液。

（5）激素标准品母液及参比系列溶液（按双倍或四倍系列稀释）。

（6）HRP 标记激素和 h–GARIG。

（7）邻苯二胺（OPD）基质液　5 mg OPD 溶于 12.5 mL 0.01 mol · L^{-1} PBS（pH 5.0），用前加入 300 g · L^{-1} H_2O_2 溶液 12.5 μL。

（8）3 mol · L^{-1} H_2SO_4 溶液。

（9）正常兔血清溶液。

（10）聚苯乙烯。

【实验步骤】

1. 固相抗体型 ELISA

（1）用方阵法滴定选择各反应物最适工作浓度。

（2）将 100 μL RAMIG 溶液包被聚苯乙烯加入 96 孔微孔板，4℃保湿，12 h。

（3）弃去孔内溶液，用洗涤缓冲液洗涤 3 次，甩干。

（4）加入 100 μL 抗激素 MAb 溶液，37℃ 70 min。

（5）弃去孔内溶液，用洗涤缓冲液洗涤 3 次，甩干。

（6）各孔内依次加入 50 μL 待测样液，每个样品 3 次重复，15 ~ 20℃，20 min。

（7）加入 50 μL HRP 标记激素，37℃，60 min。

（8）弃去孔内溶液，用洗涤缓冲液洗涤 3 次，甩干。

（9）加入 100 μL OPD 基质液，37℃显色 15 ~ 20 min，加 50 μL 3 mol · L^{-1} H_2SO_4 溶液终止反应。用酶联免疫吸附测定仪在 490 nm 下测各孔的 A_{490} 值，求出每份样品重复孔的平均值。

（10）用激素标准品母液和参比系列溶液，在同一微孔板上同上法操作。

2. 固相抗原型 ELISA

（1）用方阵法滴定选择各反应物最适工作浓度。

（2）将 100 μL“激素 – 蛋白质”复合物溶液加入 96 孔微孔板，37℃，12 h。

（3）弃去孔内溶液，用洗涤缓冲液洗涤 3 次，甩干。

（4）加入 100 μL 1 g · L^{-1} 封闭蛋白溶液封闭，37℃，30 min。

（5）弃去孔内溶液，用洗涤缓冲液洗涤 3 次，甩干。

（6）各孔同时加入 50 μL 待测样液和 50 μL 抗激素 PAb 溶液，以加入正常兔血清溶液的孔（非特异吸附孔）为空白调零，37℃，60 min。

（7）弃去孔内溶液，用洗涤缓冲液洗涤 3 次，甩干。

（8）加入 100 μL h–GARIG，37℃，60 min。

（9）弃去孔内溶液，用洗涤缓冲液洗涤 3 次，甩干。

（10）随后的显色、终止与比色程序同固相抗体型 ELISA。

（11）用激素标准品母液和参比系列溶液，在同一微孔板上同上法操作。

3. 计算

（1）固相抗体型 ELISA

① 以加入激素母液的孔（非特异吸附孔）为空白调零，以加入不含激素的磷酸盐缓冲液的孔为 B_0 孔，以加入激素标准品参比系列溶液的孔为 B_i 孔。以标准激素摩尔数的常用对数 log［激素］为横坐标（x），对应的 ln［B_i /（$B_0 - B_i$）］为纵坐标（y），可得一条 $y = a + bx$ 直线。

② 将样品孔的吸光度代入上式，换算出待测样品中激素摩尔数量，乘以稀释倍数，除以样品重量，即为每克样品的激素含量。

（2）固相抗原型 ELISA　以加入不含激素的磷酸盐缓冲液的孔为 B_0 孔，以加入激素标准品参比系列溶液的孔为 B_i 孔，标准曲线计算与结果分析同上。

【注意事项】

影响酶联免疫吸附测定的因素较多，如标本的采集保存、试剂的选择准备、加样技术、温育控制、反应板洗涤方式、显色反应时间等，均可能产生较大影响。须注意条件选择，保证实验的准确可靠。

【思考题】

1. ELISA 植物激素与其他方法相比的优势是什么？
2. ELISA 实验中，反应板的“边缘效应”如何排除？
3. 使用双波长测定的作用是什么？

【参考文献】

王学奎，黄见良 . 植物生理生化实验原理和技术［M］. 3 版 . 北京：高等教育出版社，2015.

实验 37　细胞分裂素含量测定——萝卜子叶测定法

【实验目的】

了解并掌握细胞分裂素促进植物生长的作用。

【实验原理】

细胞分裂素能促进细胞的分裂，有促进萝卜子叶鲜重增加的效应，增重效果与体内细胞分裂素物质含量存在线性关系。激动素（kinetin，KT）是第一个发现具有细胞分裂素活性的物质。以其浓度与萝卜子叶重量变化的关系获得标准曲线，使用待测样品进行对比实验，即可鉴定样品中细胞分裂素的含量。

【实验材料、仪器设备与试剂】

1. 实验材料

萝卜种子。

2. 仪器设备

恒温培养箱、培养皿（直径 9 cm）、滤纸、搪瓷盘、镊子、手术刀。

3. 试剂

（1）1 g · L^{-1} 氯化汞溶液。

（2）5 mg · L^{-1} 激动素溶液　称取 5 mg 6–BA 溶于少量 1 mol · L^{-1} HCl 溶液中，用蒸馏水稀释至 1 000 mL，冰箱保存备用。

【实验步骤】

（1）种子萌发　取均匀一致的萝卜种子，用 1 g·L^{-1} 氯化汞溶液消毒 15 min，用蒸馏水浸洗 3 ~ 5 次，播种于铺有润湿滤纸的搪瓷盘中，在 25℃下暗中培养 2 d。用镊子取下每个幼芽上较小的一片子叶（切除下胚轴），选择大小一致的子叶 50 片，称重供试。

（2）激动素溶液配制　利用 5 mg·L^{-1} 激动素溶液分别配制 0.5 mg·L^{-1}、0.05 mg·L^{-1}、0.005 mg·L^{-1} 激动素溶液各 10 mL 备用。

（3）子叶培养　取直径 9 cm 的培养皿 5 套，编号。在皿中铺上滤纸，向①~④号培养皿中分别加入 5 mg·L^{-1}、0.5 mg·L^{-1}、0.05 mg·L^{-1}、0.005 mg·L^{-1} 的激动素溶液各 3 mL，⑤号皿中加入 3 mL 蒸馏水作为对照，之后在各皿中分别放置 10 片子叶。将各培养皿置于放有湿滤纸的搪瓷盘中，加盖，于 25℃培养 3 d。取出子叶，吸去表面水分后称重并记录数据（mg），求出各处理的平均重量。

（4）计算　以子叶平均重量为纵坐标，激动素溶液浓度为横坐标，绘制标准曲线。用上述同样方法，以未知样品作对比实验，查标准曲线即可求出样品中细胞分裂素的浓度。

【注意事项】

1. 子叶使用前，须用蒸馏水浸泡以除去内源激素；

2. 天平的灵敏度最好为 1/10 000 以上。

3. 测未知样品时，须除去其中的糖类及蛋白质等物质，以防在培养过程中植物材料发霉。

【思考题】

实验中为什么要用去除萝卜子叶的下胚轴?

【参考文献】

1. 高俊凤. 植物生理学实验技术［M］. 西安：世界图书出版公司，2000.

2. 王学奎，黄见良. 植物生理生化实验原理和技术［M］. 3 版. 北京：高等教育出版社，2015.

实验 38　乙烯的气相色谱法测定

【实验目的】

熟悉气相色谱仪的基本操作，掌握气相色谱法测定植物材料中乙烯的定量和定性方法。

【实验原理】

气相色谱（GC）具有灵敏度高、稳定性好等优点。气相色谱仪中的分离系统包括固定相和流动相。由于固定相和流动相对各种物质的吸附或溶解能力不同，因此各种物质的分配系数（或吸附能力）不同。当含混合物的待测样（含乙烯的混合气体）进入固定相后，不断通以流动相（通常为 N_2 或 H_2），待测物不断地再分配，各组分依照分配系数大小顺序依次分离，并进入检测系统得到检测。检测信号的大小反映出物质含量的多少，在记录仪上可呈现色谱图。要使待测物得到充分的分离，需要一种合适的固定相；乙烯往往与乙炔、乙烷难以分离，而采用 GD × 502 作为固定相效果较好。

【实验材料、仪器设备与试剂】

1. 实验材料

水稻幼苗（或苹果、香蕉等果实）若干。

2. 仪器设备

密封装置（带空心橡皮塞的三角瓶或真空干燥器）、气相色谱仪。

3. 试剂

标准乙烯。

【实验步骤】

1. 材料处理

将实验材料进行不同的处理（如离体、伤害、发芽、黑暗、辐射、冷藏、催熟等），然后置于密封装置中若干时间。

2. 启动气相色谱仪

（1）检测仪器各部件是否复位。若没有，须复位。

（2）打开流动相（N_2），将压力调至 5 kg · cm^{-2}。然后打开仪器上的 N_2 阀，将流速调至 25 mL · min^{-1}（管道 1、2 相同）。

（3）打开仪器电源开关。

（4）调节柱温至 60℃，将进样口温度调至 100℃（乙烯为气体，进样口温度不需要太高）。

（5）打开点火装置电源及空气压缩机开关，调节适当的量程和衰减；关机时，量程应复位至 1，衰减为∞。

（6）打开钢瓶氢气阀，调压力为 1.0 kg · cm^{-2}（两管道相同），同时将空气压力调至 0.5 kg · cm^{-2}。打开记录仪电源，选择输出电压 10 mV 和适当走纸速率（10 mm · min^{-1}）。

（7）调整好空气和氢气后，将选择键调至"ON"位置。按点火键 10 s，氢气即在燃烧室燃烧，点火后，可看到记录笔向上移动。

（8）将选择键打到"2"，并将空气压力调至 1.0 kg · cm^{-2}，氢气压力则调至 0.5 ~ 0.7 kg · cm^{-2}（两管道相同）。待基线稳定后即可开始正式测定。

3. 测定

（1）取一定浓度（μL · L^{-1}，以 N_2 作为稀释剂）、一定量（100 ~ 1 000 μL）的标准乙烯进样，并注意出峰时间。待乙烯峰至顶端时即为乙烯的保留时间，重复 3 ~ 4 次，取平均值。该平均值即作为样品中乙烯定性的依据之一。

（2）取同样量的待测样品，注入色谱柱（进样）。待样品峰全部出完后，即可做下一个样品。

（3）定性测定

① 外标定性法　样品中与标准乙烯保留时间相同的峰，即为样品乙烯峰。

② 内标定性法　在得到某一样品的色谱图后，向该样品中加入一定量的标准乙烯进样，若某峰增高，该峰即为样品中的乙烯峰。

4. 关机

待得到所有样品色谱图后关机，步骤如下。

（1）关闭氢气（或氮气）总阀；

（2）关闭空气压缩机；

（3）将量程和衰减复位，选择键调至"OFF"；

（4）关闭记录仪；

（5）待 H_2、N_2 全部排完后，将所有阀门复位；

（6）关闭主机电源，并拔下插头。

5. 计算

$$样品中乙烯浓度=\frac{样品峰高}{标准品峰高}\times 标样浓度（\mu L\cdot L^{-1}）$$

$$单位鲜重样品乙烯生成速率=\frac{乙烯浓度（\mu L\cdot L^{-1}）\times 容器体积（L）}{密封时间（h）\times 样品质量（g）}$$

【注意事项】

乙烯是挥发性气体，采样时需要注意容器的密封性，内标定性法更适用于植物材料的测量。

【思考题】

根据实验结果说明乙烯的生理作用。气相色谱法测定乙烯含量过程中应注意些什么？

【参考文献】

王学奎，黄见良. 植物生理生化实验原理和技术［M］. 3 版. 北京：高等教育出版社，2015.

实验 39　植物叶片中水杨酸含量的测定

【实验目的】

学习并掌握植物体内水杨酸的提取和测定方法。

【实验原理】

水杨酸（salicylic acid，SA）是广泛存在于植物体内的一类小分子酚类物质，在植物新陈代谢、生长发育过程和免疫应答中发挥重要作用。高效液相色谱法（HPLC）作为一种高效分离纯化技术，灵敏度高、专一性强、重复性好，广泛用于植物激素测定。由于 SA 自发荧光，HPLC 荧光检测 SA 具有灵敏度高、分离效果好、检出限低等优点，是应用最广泛的 SA 含量测定方法。

【实验材料、仪器设备与试剂】

1. 实验材料

植物叶片。

2. 仪器设备

研钵、超低温冰箱、真空离心浓缩仪、低温离心机、离心管、涡旋仪、超声仪、恒温水浴锅、0.22 nm 水相滤膜、高效液相色谱仪、液相色谱柱（4.6 mm × 150 mm，5 μm）。

3. 试剂

3- 羟基 – 苯甲酸（3–HBA）、90% 甲醇、0.2 $mol\cdot L^{-1}$ 乙酸钠溶液、50 $g\cdot L^{-1}$ TCA 溶液、乙酸乙酯、环已烷、0.2 $mol\cdot L^{-1}$ NaOH 溶液、8 $mol\cdot L^{-1}$ HCl 溶液。

【实验步骤】

1. 植物叶片水杨酸提取

（1）在液氮条件下充分研磨叶片，取少量转入 2 mL 离心管，准确称量并记录每管样品重量（精确到 0.000 1 g），多余干粉可存于 –80℃冰箱。

（2）每个离心管中加入 1 mL 90% 甲醇，加入内标 3–HBA 至含量为 20 $\mu g\cdot mL^{-1}$，涡

旋 1 min，超声处理 5 min，4℃ 12 000 r · min^{-1} 离心 5 min。转移上清液至新的离心管，下层沉淀中加入 0.8 mL 90% 甲醇，重复上述操作，合并上清液。

（3）在上清液中加入 10 μL 0.2 mol · L^{-1} NaOH 溶液，在真空离心浓缩仪上浓缩，待离心管中剩下约 10 μL 液体时加入 250 μL 50 g · L^{-1} TCA 溶液，涡旋 1 min；再加入 0.8 mL 乙酸乙酯：环己烷（1∶1），涡旋 1 min，充分萃取；4℃ 12 000 r · min^{-1} 离心 5 min，转移上层有机相至新的离心管；于下层水相中加入 0.3 mL 8 mol · L^{-1} HCl 溶液，置于 80℃水浴锅温育 1 h（使结合态 SA 充分被 HCl 提取）。温育结束后于离心管中加入 0.8 mL 乙酸乙酯：环己烷（1∶1），重复上述操作，合并有机相。

（4）合并后的有机相混匀后，加入 60 μL 0.2 mol · L^{-1} 乙酸钠溶液，真空干燥浓缩，待离心管中剩下约 60 μL 液体时取出，加入 940 μL 乙酸钠溶液，涡旋 1 min，让其充分溶解于流动相。通过 0.22 nm 水相滤膜过滤至进样瓶，存于 4℃冰箱待测。

2. 高效液相色谱测定

（1）流动相乙酸钠溶液用 6 mol · L^{-1} HCl 溶液和 1 mol · L^{-1} NaOH 溶液调节相应 pH 为 6.0，调整乙酸钠溶液比例为 85%。

（2）设定测定参数　流动相为 0.2 mol · L^{-1} 乙酸钠：甲醇 = 9∶1，流速为 0.8 mL · min^{-1}，恒温 40℃，进样量 20 μL。SA 检测波长为 305 nm/407 nm。

【注意事项】

1. 3-HBA 与 SA 结构相似，检测波长与 SA 接近，且不易受上述提取条件及植物自身的影响，适合作为内标。

2. 可针对不同样品及内标，调整流动相 pH 以获得最佳检测效果。流动相 pH 为 5.65 ~ 6.0 时均能较好地分离 SA。

3. 流动相的比例和种类应根据色谱柱的分离对象和检测器的情况综合考虑，尽可能地增大流动相和固定相的极性差别以得到最好的分离效果。

【思考题】

水杨酸对植物的生长有哪些生理功能？

【参考文献】

1. Verberne M C，Brouwer N，Delbianco F，*et al*. Method for the extraction of the volatile compound salicylic acid from tobacco leaf naterial［J］. *Phytochem Anal*，2002，13（1）：45-50.

2. 林文芳，张虹，洪庄玉，等 . 一种通用高效液相色谱测定植物叶片内源激素水杨酸的方法［J］. 福建农林大学学报（自然科学版），2017，46（1）：109-114.

3. 王学奎，黄见良 . 植物生理生化实验原理和技术［M］. 3 版 . 北京：高等教育出版社，2015.

实验 40　植物组织中独脚金内酯含量的测定

【实验目的】

了解并掌握植物体内独脚金内酯类物质的提取纯化方法，熟悉色谱 - 串联质谱的原理和方法。

【实验原理】

独脚金内酯（strigolactone，SL）是一类中性内酯，具有刺激寄生植物种子萌发、促进从枝菌根真菌菌丝产生分枝、直接或间接抑制植物侧芽萌发和与寄主植物共生等诸多作用。由于缺少易离子化的官能团、植物组织的基质复杂，以及独脚金内酯的含量极低，通过色谱－串联质谱检测时，其离子化效率容易受共存的易电离基质抑制，造成质谱检测灵敏度下降。串联混合模式阴离子交换（MAX）和混合模式阳离子交换（MCX）固相萃取（SPE）能够较好地消除植物提取液中极性基质的干扰。植物组织中的色素如叶绿素是具有大 π 键的极性分子，可利用石墨化炭黑（GCB）将色素从植物提取液中除去。这样即可简便、快速地对样品中独脚金内酯进行定量分析。

【实验材料、仪器设备与试剂】

1. 实验材料

水稻种子。

2. 仪器设备

恒温培养箱、超低温冰箱、液相色谱－质谱联用系统（由 LC-30AD 和三重四极杆串联质谱仪组成）、分析天平、高速冷冻离心机、超纯水仪、固相萃取仪、多功能氮吹仪、研钵、离心管。

3. 试剂

（1）独脚金内酯标准品　独脚金醇（strigol）、列当醇（orobanchol）、2′-Epi-5-脱氧独脚金醇（2′-Epi-5-deoxystrigol）、GR24（独脚金内酯人工合成类似物）。

① 标准储存溶液：分别称取适量标准品，用乙腈溶解，配制成 1 $mg \cdot mL^{-1}$ 的标准储存溶液，于 −18℃ 保存。

② 混合标准溶液：分别取适量各标准储存溶液，用乙腈稀释成所需浓度的混合标准溶液。

（2）固相萃取吸附剂　石墨化炭黑（GCB）、HiCapt-MAX、HiCapt-MCX 和 HiCapt-PSA 硅胶。固相萃取小柱（6 mL）GCB，下层装填 MAX 和 MCX，两层之间以聚乙烯垫片间隔，两端用两块垫片压紧，待用。

（3）其他试剂　乙腈、甲醇、甲酸。

【实验步骤】

1. 材料培养

将水稻（*Oryza sativa* L.）水培种植于环境温度为 25℃，光照周期为 16 h 的恒温培养箱中。水稻水培营养液参照附录 7，营养液每 3 天更换 1 次。收获生长 21 d 的水稻幼苗根，称重并用液氮冷冻，储于 −80℃的超低温冰箱内。

2. 样品处理

将 1 g 鲜重的水稻根样品在液氮冷冻下研磨成粉末，转移至离心管，加入提取液（200 $g \cdot L^{-1}$ 乙腈溶液）和内标 GR24（每克鲜重 0.1 ng），然后置于 −4℃过夜提取（12 h）。经低温离心（8 000 $r \cdot min^{-1}$，10 min，4℃），将上清液经过双层固相萃取柱（预先以 2 mL 乙腈活化），收集上样流出液；再用 2 mL 乙腈解吸液洗脱固相萃取柱上吸附的独脚金内酯。将上样流出液与解吸液合并，于 40℃下使用恒定氮气流吹干，溶解于 100 μL 甲醇：水（3：7）溶液中，待上机分析。

3. 色谱－质谱联用系统条件设置

（1）色谱条件　Waters BEH C_{18} 色谱柱（100 mm × 2.0 mm，1.7 mm）；流动相 A 为 1 $g \cdot L^{-1}$ 甲酸溶液，流动相 B 为 1 $g \cdot L^{-1}$ 甲酸甲醇溶液；梯度洗脱程序为 30% 流动相 B

0 ~ 3 min，30% ~ 70% 流动相 B 3 ~ 10 min，70% ~ 95% 流动相 B 10 ~ 18 min，95% 流动相 B 18 ~ 22 min，30% 流动相 B 22 ~ 30 min，流动相流速为 0.3 mL · min^{-1}；柱温 40℃；进样体积 30 μL。

（2）质谱条件　电喷雾电离源（ESI），正离子多反应监测（MRM）模式；脱溶剂管温度为 250℃，加热模块温度为 400℃，雾化气流速为 3 L · min^{-1}，干燥器流速为 15 L · min^{-1}。

【注意事项】

1. 水稻提取液经双层固相萃取除杂后，再经过吹干、复溶，实现对独脚金内酯的纯化和富集。

2. 注意根系避光，防止藻类生长和根系呼吸消耗。

【思考题】

植物组织测试中色素干扰通常可以用哪些方法消除？

【参考文献】

叶儿翠，丁俊，冯郁锜 . 双层固相萃取 – 液相色谱 / 串联质谱法测定水稻中独脚金内酯［J］. 分析科学学报 . 2017，33（3）：297–301.

实验 41　植物组织中 NO 含量的测定——Griess 法

【实验目的】

学习并掌握植物体内 NO 含量测定的 Griess 法。

【实验原理】

一氧化氮（nitric oxide，NO）广泛分布于生物体内。作为细胞间及细胞内的信息物质，在机体的生理、病理过程中有着重要的作用。NO 在体内或水溶液中极易氧化生成 NO_2^-，酸性条件下，NO_2^- 与重氮盐磺酸胺生成重氮化合物，进一步与萘乙烯基二胺偶合，产物于 550 nm 处有特征吸收峰，测定其吸光度，可以计算植物体内 NO 含量。

【实验材料、仪器设备与试剂】

1. 实验材料

植物组织。

2. 仪器设备

分光光度计、酸度计、离心机、研钵、试管、旋涡混合仪。

3. 试剂

（1）NO_3^- 标准溶液　称取一定量的经烘干处理的硝酸钾晶体，用重蒸水配制浓度为 2.0 mmol · L^{-1} 的储备液。向储备液中加入 1.0 mL 三氯甲烷，密闭置于 4℃冰箱中保存；使用前用重蒸水将储备液稀释成 60.0 μmol · L^{-1} 标准溶液使用。

（2）其他试剂　1 g · L^{-1} 对氨基苯磺酰胺溶液、500 g · L^{-1} 乙酸钠溶液、2.3×10^{-4} mol · L^{-1} *N*– 萘乙二胺溶液、0.2 mol · L^{-1} HCl 溶液、正丁醇、锌粉、NaCl 粉末、石英砂、磷酸。

【实验步骤】

1. 植物材料提取

取 0.1 g 植物材料，加 5 mL 重蒸水和适量石英砂，研磨成匀浆，室温下 3 000 r · min^{-1} 离心 5 min，取上清备用。

2. 显色反应

（1）取 3 支试管，编号，在 1 号管中加入 1 mL 提取液，2 号管中加入 1 mL 重蒸水，3 号管中加入 1 mL 60.0 μmol · L^{-1} NO_3^- 标准溶液。在各管中分别加入 1 mL 500 g · L^{-1} 乙酸钠溶液和 1 mL 1 g · L^{-1} 对氨基苯磺酰胺溶液，用 0.2 mol · L^{-1} HCl 溶液调整 pH 为 6.25 ~ 6.35。每管加入 10 mg 锌粉，旋涡振荡 15 min，加入 0.15 g 固体 NaCl 和 3 mL 正丁醇，再次旋涡振荡 5 min，3 000 r · min^{-1} 离心 15 min。取水相过滤，去除残留锌粉。

（2）取 1 mL 滤液，加入 2 mL 2.3 × 10^{-4} mol · L^{-1} *N*– 萘乙二胺溶液显色，用磷酸调节 pH 为 1.75 ~ 1.85。再取 1 mL 滤液加入 2 mL 重蒸水作为样品空白对照（4 号管），同样调节 pH 为 1.75 ~ 1.85。

（3）各管静置反应 20 min 后，加入 3 mL 正丁醇和 1.0 g 固体 NaCl，旋涡振荡 3 min，3 000 r · min^{-1} 离心 5 min。取正丁醇相，以纯正丁醇做对照，在 540 nm 处测定吸光度。

3. 计算

NO_x^-（$NO_2^- + NO_3^-$）即 NO 的含量可按下式计算：

$$NO_x^- = \frac{A_{样} - A_{试空} - A_{样对空}}{A_{标} - A_{试空}} \times 60.0$$

式中，60.0 为 1.0 L NO_3^- 标准溶液中含有的 NO_3^- 微摩尔数（μmol · L^{-1}），$A_{样}$、$A_{试空}$、$A_{样对空}$和 $A_{标}$分别为样品管（1 号）、试剂空白管（2 号）、样品对照空白管（4 号）和 NO_3^- 标准管（3 号）的吸光度。

【注意事项】

生物组织中的 NO 十分不稳定，在有氧环境中易被氧化成 NO_2^-，NO_2^- 在存放过程中又可被氧化成 NO_3^-，因此直接测定生物组织中的 NO 含量受到较大限制，须注意存放方式、温度和时间等因素的影响。pH 对 Griess 显色反应的影响较大，当 pH 下降到 0.90 或上升到 3.50 时显色反应近半被抑制。在锌粉还原反应之后，显色反应之前采用正丁醇萃取可以去除生物样品中的大部分干扰物质；在饱和氯化钠作用下将 Griess 显色物萃取到正丁醇相中进行比色测定，这一操作本身也具有消除干扰物质的作用。

【思考题】

1. 实验中加入锌粉的作用是什么？
2. 说明正丁醇萃取能消除显色反应干扰的原因。

【参考文献】

李恩民，魏大愚，许丽艳，等 . 间接测定生物组织中一氧化氮含量的 Griess 法的改良［J］. 汕头大学医学院学报，1999，12（1）：75–77.

实验 42　植物组织中钙调蛋白（CaM）的制备和活性测定

【实验目的】

学习钙调蛋白（CaM）的制备方法，学习并掌握钙调蛋白常用的活性测定方法。

42-1　CaM的制备

Ⅰ. 分级盐析沉淀分离提纯

【实验原理】

中性盐对蛋白质的溶解度有显著影响。一般在低盐浓度下，随着盐浓度升高，蛋白质的溶解度增加，称为盐溶；当盐浓度继续升高时，蛋白质的溶解度不同程度下降并先后析出，这种现象称为盐析。将大量盐加到蛋白质溶液中，高浓度的盐离子（如硫酸铵的SO_4^{2-}和NH_4^+）有很强的水化力可夺取蛋白质分子的水化层，使之“失水”，造成蛋白质胶粒凝结并沉淀析出。由于各种蛋白质分子颗粒大小、亲水程度不同，故盐析所需的盐浓度也不同，调节混合蛋白质溶液中的中性盐浓度可使各种蛋白质分级沉淀。蛋白质盐析常用的中性盐之一是硫酸铵，其温度系数小而溶解度大（25℃时饱和溶液为4.1 mol · L^{-1}，即767 g · L^{-1}；0℃时饱和溶解度为3.9 mol · L^{-1}，即676 g · L^{-1}），在这一溶解度范围内，许多蛋白质和酶都可以盐析出来。硫酸铵分级盐析不易引起蛋白质变性。在用盐析沉淀分离后，需要用缓冲液进行透析将蛋白质中的盐分除去。

【实验材料、仪器设备与试剂】

1. 实验材料

植物组织。

2. 仪器设备

低温超速离心机、烧杯、研钵、搅拌器、剪刀、离心管。

3. 试剂

20 mmol · L^{-1} Tris-HCl缓冲液（pH 8.0）、10 mmol · L^{-1} EDTA溶液、6 mol · L^{-1} NaOH溶液、500 g · L^{-1}三氯乙酸溶液、硫酸铵、20 mmol · L^{-1} Tris-HCl缓冲液（pH 7.5）、聚乙二醇、石英砂。

【实验步骤】

（1）植物材料处理　所有操作均需要在冰上进行。将植物材料剪碎，加适量蒸馏水和石英砂，充分研磨成匀浆，55 000 r · min^{-1}离心30 min，回收上清液约30 mL，加入20 mmol · L^{-1} Tris-HCl缓冲液（pH 8.0），10 mmol · L^{-1} EDTA溶液至50 mL；边搅拌边缓慢加入500 g · L^{-1}三氯乙酸溶液，至终浓度为30 g · L^{-1}，继续搅拌10 min至出现白色混浊；边搅拌边加入6 mol · L^{-1} NaOH溶液至pH 5.2，4℃下继续搅拌1 h；15 000 r · min^{-1}离心30 min，回收上清。

（2）蛋白质分离提纯　上清液中，分3次缓慢加入固体硫酸铵：第1次加0.2 g · mL^{-1}，充分溶解后，静置10 min，18 000 r · min^{-1}离心12 min，回收上清；第2次再加0.1 g · mL^{-1}，充分溶解，静置10 min，18 000 r · min^{-1}离心12 min，回收上清；第3次再加0.08 g · mL^{-1}，同前静置、离心，回收上清。将最后一次回收的上清转入透析袋，用20 mmol · L^{-1} Tris-HCl缓冲液（pH 7.5）透析3次，继续用聚乙二醇浓缩至2.5 mL。备用。

【注意事项】

盐析沉淀选择性较差，往往有共沉淀产物，需要与其他方法联合使用，以提高分离物的纯度。

Ⅱ. 亲和层析法

【实验原理】

亲和层析是一种吸附层析，抗原（或抗体）和相应的抗体（或抗原）发生特异性结合，而这种结合在一定条件下又是可逆的。所以将抗原（或抗体）固相化后，就可以使存在于液相中的相应抗体（或抗原）选择性地结合在固相载体上，借以与液相中的其他蛋白质分开，达到分离提纯的目的。此法具有高效、快速、简便等优点。

【实验材料、仪器设备与试剂】

1. 实验材料

植物组织。

2. 仪器设备

DEAE- 纤维素阴离子交换层析柱、紫外分光光度计、苯基 -Sepharose CL-4B 柱、超声细胞破碎仪、低温超速离心机、离心管、0.22 nm 过滤膜。

3. 试剂

（1）细胞裂解液　内含 50 mmol · L^{-1} Tris-HCl 缓冲液（pH 7.4）、50 mmol · L^{-1} NaCl 溶液、2 mmol · L^{-1} EDTA 溶液、1 mmol · L^{-1} PMSF 溶液、1 mmol · L^{-1}β- 巯基乙醇溶液、10 g · L^{-1} TritonX-100 溶液。

（2）缓冲液 A（Buffer A）　内含 10 mmol · L^{-1} Tris-HCl 缓冲液（pH 8.0）、0.2 mol · L^{-1} NaCl 溶液、1 mmol · L^{-1} EDTA 溶液、1 mmol · L^{-1} β- 巯基乙醇溶液。

（3）缓冲液 B（Buffer B）　内含 10 mmol · L^{-1} Tris-HCl 缓冲液（pH 8.0）、1 mmol · L^{-1} $MgCl_2$ 溶液、2 mmol · L^{-1} $CaCl_2$ 溶液、1 mmol · L^{-1}β- 巯基乙醇溶液。

（4）缓冲液 C（Buffer C）　内含 10 mmol · L^{-1} Tris-HCl 缓冲液（pH 8.0）、1 mmol · L^{-1} $MgCl_2$ 溶液、2 mmol · L^{-1} EDTA 溶液、1 mmol · L^{-1} β- 巯基乙醇溶液。

（5）固体 $CaCl_2$。

【实验步骤】

（1）钙调蛋白粗提　于细胞沉淀中加入细胞裂解液，超声破碎细胞，95℃煮沸 5 min，10 000 r · min^{-1} 4℃离心 20 min，收集上清液，同时将沉淀重新破碎、离心，收集合并两次上清液，−20℃保存。

（2）钙调蛋白的纯化　用 DEAE- 纤维素阴离子交换层析柱对钙调蛋白进行初步纯化。将钙调蛋白粗样品上柱，用缓冲液 A（Buffer A）洗脱未被吸附在层析柱上的杂蛋白质，再用 NaCl 梯度（0.3 ~ 0.8 mol · L^{-1}）的缓冲液 A 进行梯度洗脱，用离心管进行分部收集，每管 6 mL，并用紫外分光光度计和热变性进行检测。收集液加缓冲液 B（Buffer B）4℃透析过夜，获得透析后的洗脱液。

透析后的洗脱液移入带有刻度的离心管中，加固体 $CaCl_2$ 调 Ca^{2+} 浓度为 1 mmol · L^{-1}，以保证钙离子处于饱和状态。用 0.22 mm 的膜过滤，除去过量固体 $CaCl_2$。过滤液用经缓冲液 B 平衡过的苯基 -Sepharose CL-4B 柱疏水层析，分别用缓冲液 B 和含 0.2 mol · L^{-1} NaCl 的缓冲液 B 洗脱未被吸附在层析柱上的杂蛋白质，然后改用含 0.2 mol · L^{-1} NaCl 溶液的缓冲液 C（Buffer C）洗脱，分步收集洗脱组分，每管 4 mL，用紫外分光光度计检测。合并以上的各收集管，作为纯化后的钙调蛋白样品，进行相应测定。

【注意事项】

在亲和层析时，亲和柱所用平衡缓冲液的组成、pH 和离子强度应选择亲和作用强、有利于形成复合物的条件。

【思考题】

1. 盐析中常用的中性盐有哪些？各有什么特点？

2. 亲和层析所用的载体有什么要求？

3. 亲和层析法对生物大分子配基有哪些要求？

【参考文献】

1. 杨静娴，封晓华，鲁凌云，等．基因重组钙调蛋白提取纯化的新方法［J］．中国生物制品学杂志，2004，17（3）：142–144.

2. 郭彩华，刘静雯，卢珍华，等．东海原甲藻钙调蛋白的分离纯化及鉴定［J］．集美大学学报，2009，14（1）：29–33.

42–2　CaM 活性测定

Ⅰ. PDE 法

【实验原理】

环核苷酸磷酸二酯酶（phosphodiesterase，PDE）特异地把环核苷酸水解成 5′– 核苷酸，在蛇毒作用下进一步水解成核苷和无机磷。通过测定反应系统中无机磷或核苷的含量，即可计算出每分钟每毫克蛋白质水解环磷酸腺苷（cAMP）的量，用以表示酶活性［$mol \cdot (mg \cdot min)^{-1}$］。不含 CaM 的纯 PDE 失去上述活性，在适量 Ca^{2+} 存在下，依赖于加入的 CaM，该活性可以恢复，并与 CaM 的量成比例关系。据此可测定 CaM 的活性。

【实验材料、仪器设备与试剂】

1. 实验材料

植物组织。

2. 仪器设备

低温超速离心机、DEAE– 纤维素 52 柱、液氮罐、分光光度计、超低温冰箱、恒温水浴锅。

3. 试剂

Tris–HCl 缓冲液、乙二醇 – 双 –（2– 氨基乙醚）四乙酸（EGTA）、硫酸铵、咪唑、$MgCl_2$、β– 巯基乙醇、NaCl、苯甲基磺酰氟（PMSF）、$NaHSO_3$、$CaCl_2$、HCl、抗坏血酸、钼酸铵、柠檬酸钠、偏亚砷酸钠、乙酸、蛇毒、甘油、cAMP、三氯乙酸（TCA）。

【实验步骤】

（1）PDE 提取　取 150 g 新鲜植物组织，加入 300 mL 预冷的缓冲液 A（内含 20 $mmol \cdot L^{-1}$ Tris–HCl 缓冲液、1 $mmol \cdot L^{-1}$ EGTA 溶液，pH 7.5），匀浆，25 000 $r \cdot min^{-1}$ 离心 30 min。上清液首先进行 30% 饱和度的硫酸铵盐析，搅拌并静置 30 min 后，以 25 000 $r \cdot min^{-1}$ 离心 30 min。取上清液，进一步进行 55% 饱和度的硫酸铵盐析，25 000 $r \cdot min^{-1}$ 离心 30 min。取沉淀，溶于缓冲液 A 中，溶液对缓冲液 A 透析，而后以 25 000 $r \cdot min^{-1}$ 离心 30 min，取上清液上缓冲液 B（内含 20 $mmol \cdot L^{-1}$ Tris–HCl 缓冲液、1 $mmol \cdot L^{-1}$ 咪唑溶

液、1 mmol · L^{-1} $MgCl_2$ 溶液、0.1 mmol · L^{-1} EGTA 溶液、1 mmol · L^{-1} β- 巯基乙醇溶液，pH 7.5）预平衡的 DEAE- 纤维素 52 柱（2 cm × 8 cm），上样后，将柱先后用缓冲液 B 和含 0.1 mol · L^{-1} NaCl 溶液的缓冲液 B 淋洗至基线，最后用含 0.15 mol · L^{-1} NaCl 溶液的缓冲液 B 洗脱，收集洗脱液每管 3 mL，合并 A_{280} 大于 0.5 的蛋白高峰管。收集的洗脱液对缓冲液 B 进行透析，透析后的洗脱液加入 200 g · L^{-1} 甘油溶液，分装，液氮速冻后于 −85℃下保存。以上操作均在 4℃低温下进行。以 PDE 在 pH 7.5 和 30℃下，每 1 min 水解 1.0 μmol 的 cAMP 生成 5′-AMP 所需要的 PDE 量为 1 个活性单位。

（2）CaM 提取　取 0.1 g 植物组织，液氮下捣碎，而后加入 0.5 mL 提取液（内含 50 mmol · L^{-1} Tris-HCl 缓冲液、1 mmol · L^{-1} EGTA 溶液、1 mmol · L^{-1} PMSF 溶液、20 mmol · L^{-1} $NaHSO_3$ 溶液、0.15 mmol · L^{-1} NaCl 溶液，pH 7.5），匀浆，在 4℃下 20 000 r · min^{-1} 离心 30 min。上清液可直接分装，液氮冰冻后在 −85 ℃下保存备用。如要进行热变性，样品首先转入 90℃水浴加热 3 min，再在冰浴中快速冷却，以 20 000 r · min^{-1} 离心 30 min，上清液分装备用。

（3）CaM 测定　冰浴中，在含 PDE 0.005 U（相当于约 15 μL 的 PDE 提取物）的 0.5 mL 反应缓冲液（内含 40 mmol · L^{-1} Tris-HCl 缓冲液、40 mmol · L^{-1} 咪唑溶液、5 mmol · L^{-1} $MgCl_2$ 溶液、0.5 mmol · L^{-1} $CaCl_2$ 溶液，pH 7.5）中，加入标准 CaM 或一定体积的植物 CaM 提取液（一般为 6 ~ 15 μL），再加入 50 μL 20 mmol · L^{-1} cAMP 溶液以启动反应，转入 30℃水浴下反应 30 min。然后将试管转移至沸水浴中 4 min 终止反应，立即冰浴冷却，再加入 100 μL 1 mg · mL^{-1} 蛇毒溶液，于 30℃水浴中反应 20 min，加入 70 μL 550 g · L^{-1} 三氯乙酸溶液终止反应。以 20 000 r · min^{-1} 离心 10 min，取 600 μL 上清液测无机磷，以测定 CaM 的活性。1 个活性单位的 CaM 是指在 pH 7.5、30℃和 0.01 mmol · L^{-1} Ca^{2+} 存在的条件下，激活 0.008 个单位 PDE 至 50% 最大活性时所需要的 CaM 的量。在每次测定中，总是包括一组加入过量标准 CaM（5 个单位）的试管作为最大激活组，以一组不加 CaM 的试管作为 PDE 激活的零对照（基础活性），以此来计算样品中 CaM 对 PDE 激活的百分率，进而用回归方程来计算样品的 CaM 活性。

（4）无机磷测定　取 600 μL 样品，加入 600 μL 试剂 A（以 1 mol · L^{-1} HCl 溶液配制的 60 g · L^{-1} 抗坏血酸溶液）和试剂 B（10 g · L^{-1} 钼酸铵溶液）的等体积混合溶液。混匀后 3 ~ 10 min，加入 1.2 mL 试剂 C（内含 20 g · L^{-1} 柠檬酸钠溶液、20 g · L^{-1} 偏亚砷酸钠溶液和 20 g · L^{-1} 乙酸溶液），置于 37℃水浴中反应 10 min，或室温下放置 20 min 即可。3 h 内测定 850 nm 处的吸光度。

【注意事项】

PDE 法是以 CaM 的生物活性为基础，组织提取物经简单的热处理即可除去大部分杂质，但所测的不是 CaM 的总含量，结合或无活性状态的 CaM 含量不能被测出。在一定范围内 PDE 活性与 CaM 量成比例关系，PDE 活性测定又根据所加底物和测定的最终产物不同而分成不同类型。以 cAMP 作为底物，经 PDE 水解成为 5′-AMP 后，再经蛇毒将 5′-AMP 进一步定量水解为无机磷和核苷，测定产物中无机磷在 660 nm 波长的吸光度，可计算出 CaM 活性；还可以把 5′-AMP 定量转化成 ATP，使用荧光技术测定 ATP，计算 CaM 活性；此外，5′-AMP 可以被 5′- 腺苷酸脱氨酶作用，生成 5′-IMP，于 256 nm 波长测吸光度变化，亦可计算 CaM 活性。

Ⅱ. 酶联免疫吸附测定（ELISA）法

【实验原理】

在一定的介质、pH 和温度条件下将抗原（CaM）固相，即与聚苯乙烯酶标反应板结合，并除去未固相的 CaM。将样品（标准品或待测品）与抗体（此为抗血清）反应，以部分中和抗体。上述反应液移至聚苯乙烯酶标反应板中，固相 CaM 和液相 CaM 与其抗体发生竞争性结合。液相 CaM 越多，结合到固相 CaM 上的抗体就越少，固相的抗体与待测液中的 CaM 呈负相关。固相 CaM 抗体的多寡又以酶活性来显示。即除去多余的抗体后，在聚苯乙烯酶标反应板孔中加入辣根过氧化物酶标记的葡萄球菌 A 蛋白（PPA），使之与固相抗体结合。除去多余的 PPA 后，测定固相过氧化物酶活性，酶活性大小与待测 CaM 含量呈负函数关系（即待测液中 CaM 越多，结合到固相 CaM 上的抗体就越少，固相抗体所结合的 PPA 随之减少，酶活性也越低）。以一系列已知浓度的标准 CaM 对 *A* 值（或 *B%*）作图得标准竞争抑制曲线。同样条件下，测定样品的 *A* 值（或 *B%*）就可以通过标准曲线查证，计算获得 CaM 含量。

【实验材料、仪器设备与试剂】

1. 实验材料

植物组织。

2. 仪器设备

聚苯乙烯酶标反应板、酶联免疫吸附测定仪、超声细胞破碎仪、紫外灯、匀浆器、高速离心机、恒温培养箱、微量移液器、试管、湿盒、分析天平、冰箱。

3. 试剂

（1）洗涤缓冲液　内含 0.01 mol · L^{-1} 磷酸盐缓冲液（pH 7.4）、0.14 mol · L^{-1} NaCl 溶液，使用前加 Tween-20 至终浓度 0.5 g · L^{-1}，4℃保存。

（2）稀释缓冲液　内含 1.5 g · L^{-1} 牛血清白蛋白溶液、0.01 mol · L^{-1} 磷酸盐缓冲液（pH 7.4）、0.14 mol · L^{-1} NaCl 溶液，使用前加 Tween-20 至终浓度 0.5 g · L^{-1}，冰冻保存。

（3）包被缓冲液　4℃存放。

（4）基质缓冲液　0.05 mol · L^{-1} 磷酸氢二钠 - 柠檬酸缓冲液（pH 5.0），冰冻保存。

（5）CaM 包被液　10 μg · mL^{-1} CaM 包被液（使用包被缓冲液溶解定容），−20℃保存。

（6）CaM 标准溶液　50 μg · mL^{-1} CaM 标准溶液（使用稀释缓冲液溶解定容），−20℃保存。

（7）兔抗 CaM 抗血清　−20℃以下保存，忌反复冻融。

（8）酶标葡萄球菌 A 蛋白　使用稀释缓冲液溶解定容，−20℃以下保存，忌反复冻融。

（9）正常兔血清　使用稀释缓冲液溶解定容，−20℃以下保存。

（10）邻苯二胺基质液　称取 10 mg 邻苯二胺溶于 25 mL 基质缓冲液，用前加入 25 μL 300 g · L^{-1} H_2O_2 溶液即为邻苯二胺基质液。此溶液须现用现配，避光保存，若出现颜色反应弃之不用。

（11）2 mol · L^{-1} H_2SO_4 溶液。

【实验步骤】

1. 样品制备

准确称取植物组织 1 ~ 2 g，加入 2 ~ 3 倍体积预冷的匀浆缓冲液（内含 10 mmol · L^{-1} 磷酸盐缓冲液、1 mmol · L^{-1} EGTA 溶液、2 mmol · L^{-1} EDTA 溶液、1 mmol · L^{-1} β– 巯基乙醇溶液，0.14 mol · L^{-1} NaCl 溶液，pH 7.4）用匀浆器充分匀浆，超声处理 1 min。将匀浆液转至试管中，沸水浴 3 min，取出冷却混匀，10 000 r · min^{-1} 离心 30 min，上清液用 ELISA 法检测 CaM 含量。

2. 标准曲线制作

（1）将聚苯乙烯酶标反应板置于紫外线灯下辐射处理。

（2）包被 CaM。在聚苯乙烯酶标反应板孔内准确加入 100 μL CaM 包被液，37℃湿盒过夜，4℃湿盒 48 h。若暂时不用，可用洗涤缓冲液洗涤三次（洗涤时间不超过 1 min），置冰箱（4℃）备用；测定时均应恢复至室温。

（3）取小试管 11 支，2 ~ 11 号管加稀释缓冲液 250 μL。接着向 1 号管加 CaM 标准溶液（50 μL · mL^{-1}）500 μL，混匀后吸出 250 μL 加至 2 号管，混匀后再由 2 号管吸出 250 μL 加至 3 号管，依次稀释至 9 号管，9 号管中吸出 250 μL 弃去。然后在 1 ~ 10 号管中加入 250 μL 稀释兔抗 CaM 抗血清，11 号管加 250 μL 稀释的正常兔血清，涡旋混匀。前 10 支试管每 100 μL 反应液中分别含有 2 500 ng、1 250 ng、625 ng、313 ng、157 ng、79 ng、40 ng、20 ng、10 ng、0 ng 标准 CaM。另取试管数支，每管加 150 μL 样液和 150 μL 抗体稀释液，混匀。以上各管置 37℃保湿温育 2 h。

（4）从 4℃湿盒取出聚苯乙烯酶标反应板，室温下平衡 30 min，弃去包被液。用洗涤缓冲液洗涤 3 次，甩干。在 A、B 两排 1 ~ 10 孔内平行顺序加入 1 ~ 10 号反应液各 100 μL，C、D 两排 1 ~ 8 孔内平行双孔加入由样液 CaM 中和的稀释抗体；C、D 排第 9 孔内加入 11 号管反应液各 100 μL；C、D 排第 10 孔内各加 100 μL 稀释液，37℃湿盒温育 1 h。

（5）取出聚苯乙烯酶标反应板，甩干，用洗涤缓冲液洗涤 3 次。

（6）在 C、D 两排 10 号孔内各加 100 μL 稀释液，其余各孔各加酶标葡萄球菌 A 蛋白 100 μL。

（7）37℃湿盒温育 1 h。

（8）重复步骤 5。

（9）在各孔内加入 100 μL 邻苯二胺基质液，37℃湿盒避光温育 1 h。

（10）取出板后，每孔加 100 μL 2 mol · L^{-1} H_2SO_4 溶液终止反应。

（11）10 min 后用吸水纸吸净板底水气，将聚苯乙烯酶标反应板置酶联免疫吸附测定仪上，在 490 nm 波长下以 C、D 排第 10 孔作空白调零（B），C、D 排第 9 孔为阴性对照（N），测定其余各孔吸光度。（阴性孔吸光度应小于 0.1，否则表明孔内样液发生了交叉污染，须查明缘由后再继续以上实验。）

（12）以 A、B 排第 10 孔（零标准孔，S_0）吸光度为最大值（$B\% = 100\%$），A、B 排 1 ~ 9 孔吸光度或 $B\%$ 为纵坐标，标准 CaM 每孔含的质量（ng）为横坐标，绘制标准竞争抑制曲线。制备好的植物样品按以上方法操作，根据样品孔吸光度或 $B\%$，从标准曲线上查得样品孔含量，按下式计算出样品 CaM 含量。

$$样品 CaM 含量 = \frac{样品孔含量（ng）\times 提取液体积（\mu L）}{样品鲜重（g）\times 50（测定液体积，\mu L）}$$

【注意事项】

1. 正确使用加样器。加样器应垂直加入标本或试剂，避免刮擦包被板底部。加样过程中避免液体外溅，血清残留在反应孔壁上，加样器吸头要清洗干净，避免污染，加样次序要与说明书一致，否则可导致结果错误，实验重复性差。

2. 手工洗板加洗液时冲击力不宜过大，参照说明书推荐的洗涤次数进行洗涤。洗液在反应孔内滞留的时间不宜太长；不要使洗液在孔间窜流，造成孔间污染，导致假阴性或假阳性。

3. 试剂应妥善保存于冰箱中，在使用时平衡至室温。不同批号的试剂组分不宜交叉使用，剩余的试剂下次使用时应先检查是否变质。

【思考题】

1. CaM 对环核苷酸信号通路有什么调节作用？

2. 固相载体的一般要求有哪些？如何选择？

【参考文献】

1. 黄号栋，杨静，龚明 . 用磷酸二酯酶定量检测植物钙调素方法的改进［J］. 植物生理学通讯，2003，39（2）：156–160.

2. 叶正华，郭季芳，孙大业 . 应用磷酸二酯酶定量测定植物钙调素［J］. 植物生理学通讯，1990，26（1）：54–56.

3. 赵昇皓，于宏林，张明志 . 钙调素的酶联免疫测定法［J］. 徐州医学院学报，1988，8（1）：54–58.

4. 王娟，李晓军，潘继文，等 . 钙调素 ELISA 定量检测方法的建立与实验条件优化［J］. 医学研究生学报，2003，16（6）：401–403，406.

第七章　植物生长发育

实验 43　植物组织培养的基本技术

植物组织培养即植物无菌培养技术，又称离体培养，是根据植物细胞具有全能性的性质，利用植物体离体的器官（如根、叶、茎尖、花、果实和种子等）、组织（如形成层、表皮、皮层、髓细胞、胚乳等）、细胞（如大孢子、小孢子、体细胞等）以及原生质体，在无菌和适宜的培养基及温湿度等人工条件下，诱导出愈伤组织、不定芽、不定根，最后形成完整植株。

植物组织培养具有培养条件可以人为控制、生长周期短、繁殖率高、管理方便、利于工厂化生产和自动化控制的特点，相较于传统培养方式组织培养具有占用空间小，不受地区、季节限制；培养脱毒作物、培养周期短；可用组培中的愈伤组织制取特殊的生化制品；可短时间大量繁殖，用于拯救濒危植物；可诱导分化为需要的器官，如根和芽，解决有些植物生产种子少或无的难题；变异率低，可保持母本的一切遗传特性；投资少，经济效益高、繁殖方式多；试用品种多等方面的优势。下面将从培养基母液的计算与配制、培养基的制备、外植体的消毒与接种等三方面介绍植物组织培养的基本技术。

43-1　培养基母液的计算与配制

培养基母液是指提前配制的用于培养基制备的高浓度溶液。可将培养基的多种物质通过相互稳定性和培养基中含量的高低进行分组配制，根据培养基制备对物质的需求量，确定相应的浓度和配制体积，以减少培养基制备时的称量、溶解与定容的工作量，同时也不因配制浓度过高，体积过大，短期内不能使用完而造成药品的浪费。

【实验目的】

了解并掌握植物组织培养中培养基母液和生长调节剂母液的计算、配制与保存的基本知识及操作规范，能根据配方准确计算各种药品的称取量。

【实验原理】

在配制培养基前，为了使用方便、简化操作、用量准确，减少每次配药称量各种化学成分所花费的时间和误差，常常将配制培养基所需的无机大量元素、微量元素、有机物、铁盐、激素等分别配制成比需要量大若干倍的浓缩母液，置于冰箱内保存。配制培养基时，按预先计算好的量分别吸取各种母液即可。本实验以 MS 培养基为例，学习培养基母液的配制方法。

【仪器设备与试剂】

1. 仪器设备

电子天平、药匙、玻璃棒、称量纸、洗耳球、标签纸、烧杯、容量瓶、试剂瓶、量杯、量筒、移液管、微量移液器、恒温水浴锅、冰箱等。

2. 试剂

（1）95% 乙醇。

（2）1 mol · L^{-1} NaOH 溶液。

（3）1 mol · L^{-1} HCl 溶液。

（4）MS 培养基各成分试剂（见附录 6）。

（5）植物生长调节剂　2,4–D、6–BA、IAA、α –NAA 等。

【实验步骤】

（1）大量元素母液的配制　按照 MS 培养基配方的需要量，将各种化合物称取量扩大 50 倍，用感量万分之一电子天平称取，并分别用少量蒸馏水溶解，如溶解速度慢，可用水浴加热。待化合物完全溶解后，按表 43–1 顺序依次混合已溶解的化合物溶液，并不断搅拌，以免产生沉淀，用容量瓶定容至 500 mL，倒入试剂瓶中并贴好标签，保存于 4℃冰箱待用。

表 43–1　MS 培养基大量元素母液的配制

母液	化合物名称	规定量 /（mg · L^{-1}）	扩大倍数	母液体积 /mL	称取量 /mg	配 1 L 培养基吸取量 /mL
大量元素	KNO_3	1 900	50	500	47 500	20
	NH_4NO_3	1 650			41 250	
	KH_2PO_4	170			4 250	

（2）微量元素母液的配制　按照 MS 培养基配方的需要量，将微量元素各种化合物（表 43–2）扩大 100 倍，用万分之一的电子天平分别准确称取，用少量蒸馏水溶解，也可以混合溶解，混合后定容至 500 mL。将配制好的母液倒入试剂瓶中，并贴好标签，保存

表 43–2　MS 培养基微量元素母液的配制

母液	化合物名称	规定量 /（mg · L^{-1}）	扩大倍数	母液体积 /mL	称取量 /mg	配 1 L 培养基吸取量 /mL
微量元素	$MnSO_4 \cdot 4H_2O$	22.3	100	500	1 115	10
	$ZnSO_4 \cdot 7H_2O$	8.6			430	
	H_3BO_3	6.2			310	
	KI	0.83			41.5	
	$Na_2MoO_4 \cdot 2H_2O$	0.25			12.5	
	$CuSO_4 \cdot 5H_2O$	0.025			1.25	
	$CoCl_2 \cdot 6H_2O$	0.025			1.25	

于 4℃冰箱。

（3）铁盐、钙盐和镁盐母液的配制　常用的铁盐是 $FeSO_4 \cdot 7H_2O$ 和 EDTA-2Na 的螯合物，钙盐为 $CaCl_2 \cdot 2H_2O$ 的水溶液，镁盐为 $MgSO_4 \cdot 7H_2O$ 的水溶液，配制铁盐时必须单独称量、溶解、混合定容。按照扩大 100 倍（表 43-3），分别称取各物质，分别溶解后，铁盐是将 EDTA-2Na 溶液缓缓倒入 $FeSO_4 \cdot 7H_2O$ 溶液中，搅拌均匀使其充分螯合，定容至 500 mL 后贮放于棕色试剂瓶中，贴好标签，而钙盐和镁盐则是单独称量溶解定容后贴好标签，均保存于 4℃冰箱。

表 43-3　MS 培养基铁盐、钙盐和镁盐母液的配制

母液	化合物名称	规定量 /（$mg \cdot L^{-1}$）	扩大倍数	母液体积 /mL	称取量 /mg	配 1 L 培养基吸取量 /mL
铁盐	EDTA-2Na	37.3	50	500	932.5	20
	$FeSO_4 \cdot 7H_2O$	27.8			695	
钙盐	$CaCl_2 \cdot 2H_2O$	440	50	500	11 000	20
镁盐	$MgSO_4 \cdot 7H_2O$	370	50	500	9 250	20

（4）有机物和肌醇母液的配制　按照表 43-4 中各成分，浓度扩大 100 倍，用感量万分之一电子天平分别称取各有机物，分别溶解定容后装入试剂瓶中，贴好标签，于冰箱 4℃保存。由于肌醇用量较大，因而该物质单独称量、溶解定容为肌醇母液。一般有机物都溶于水，但叶酸先用少量稀氨水或 1 $mol \cdot L^{-1}$ NaOH 溶液溶解；V_H（生物素）先用 1 $mol \cdot L^{-1}$ NaOH 溶液溶解；V_A、V_{D3}、V_{B12} 先用 95% 乙醇溶解，然后再用蒸馏水定容。

表 43-4　MS 培养基有机物和肌醇母液的配制剂量

母液	有机物名称	规定量 /（$mg \cdot L^{-1}$）	扩大倍数	母液体积 /mL	称取量 /mg	配 1 L 培养基吸取母液量 /mL
有机物	甘氨酸	2.0	100	500	100	10
	盐酸硫胺素	0.1			5	
	盐酸吡哆素	0.5			25	
	烟酸	0.5			25	
肌醇	肌醇	100	100	500	5 000	10

（5）激素母液的配制　激素母液必须分别配制，浓度根据培养基配方的需要量灵活确定，一般为 0.1 ~ 2.0 $mg \cdot mL^{-1}$，根据需要确定配制的浓度。称量激素要用感量万分之一天平。配制激素母液时应注意，各激素的溶剂不同，具体见表 43-5。

表 43–5　常用植物激素及生长调节物质的溶剂

中文名	缩写	溶剂
2,4–二氯苯氧乙酸	2,4–D	NaOH/乙醇
吲哚乙酸	IAA	NaOH/乙醇
吲哚丁酸	IBA	NaOH/乙醇
α–萘乙酸	α–NAA	NaOH/乙醇
6–苄氨基腺嘌呤	6–BA	NaOH/HCl
腺嘌呤	Ade	H_2O
激动素	KT	HCl/NaOH
玉米素	ZT	NaOH
赤霉素	GA	乙醇
脱落酸	ABA	NaOH

NAA、6–BA 和 ZT 的母液配制，分别称取 10 mg、100 mg、50 mg 的 NAA、6–BA 和 ZT，溶解后定容至 100 mL，即得三种激素的母液（表 43–6）。

表 43–6　常用植物激素母液的配制

激素	称取量 /mg	母液体积 /mL	浓度 /（$mg \cdot mL^{-1}$）
NAA	10	100	0.1
6–BA	100	100	1.0
ZT	50	100	0.5

【注意事项】

1. 培养基各试剂应使用分析纯，用蒸馏水溶解和定容。

2. 在称量时应防止药品间的污染，药匙、称量纸不能混用，每种试剂使用一把药匙，多出的试剂原则上不能再倒回原试剂瓶。

3. 使用电子天平时注意不要把药品撒到托盘上，用完以后，用洗耳球将天平内的杂物清理干净。

4. 母液配制好后，贴上标签，标明母液名称、试剂浓度或扩大倍数、配制日期，并存放于 4℃冰箱。使用前检查，若发现试剂中有絮状沉淀、长菌，或铁盐母液的颜色变为棕褐色，均不能再使用。

【思考题】

1. 为什么要配制培养基母液？

2. 配制 1 L MS 基本培养基应吸取本实验中所配制的各种母液各多少毫升？

3. 仔细观察在配制母液过程中的现象与遇到的问题，如是否产生浑浊或沉淀，并分析出现混浊的原因。

43-2 培养基的制备

培养基是植物组织培养的重要基质。在离体培养条件下，不同植物组织器官对养分的需求不同，甚至同一植株不同部位组织器官对养分的需求也不同，只有满足它们各自的特殊需求，才能保证其良好的生长与发育。因此，没有一种培养基能够完全满足所有植物组织或器官的养分需求，在建立某一植物的培养体系时，首先必须确定适宜的培养基。培养基既是提供细胞营养和促使细胞增殖的基础物质，也是细胞生长和繁殖的生存环境。培养基种类较多，根据配制原料的来源可分为自然培养基、合成培养基、半合成培养基；根据物理状态可分为固体培养基、液体培养基、半固体培养基；根据培养功能可分为基础培养基、选择培养基、加富培养基、鉴别培养基等。

【实验目的】

了解并掌握植物组织培养中常用培养基的配制原理及方法，掌握高压灭菌锅的使用方法。

【实验原理】

人工制备培养基的目的在于给植物创造一个良好的营养条件，包括碳源、氮源、无机盐、维生素和水等。自 1937 年 White 建立第一种植物组织培养的培养基以来，许多研究者报道了各种培养基，其数量繁多，配方各异。根据营养水平不同，培养基可分为基本培养基和完全培养基。基本培养基也就是通常所说的培养基，主要有 MS、White、B5、N6、改良 MS、Nitsh、Miller、SH 等，其配方见附录 6。完全培养基是在基本培养基的基础上，根据实验的不同需要，附加一些物质。如植物生长调节物质和其他复杂有机物等。

在实验中我们按照植物材料生长发育的需要选择适宜的培养基配方，进行配制。

【仪器设备与试剂】

1. 仪器设备

玻璃棒、电子天平、三角瓶、棉塞、牛皮纸、棉线、搪瓷杯、烧杯、称量纸、量筒、电磁炉、pH 试纸、高压灭菌锅等。

2. 试剂

大量元素母液、微量元素母液、钙盐母液、铁盐母液、镁盐母液、有机物母液、肌醇母液、蔗糖、琼脂、1 mol · L^{-1} NaOH 溶液、1 mol · L^{-1} HCl 溶液。

【实验步骤】

（1）制作　按照培养基配方的需要量，依次吸取所需母液、称量所需的蔗糖和琼脂，先将具刻度搪瓷杯中盛培养基体积 1/3 蒸馏水加热至沸腾，再将已称量好的蔗糖和琼脂加入沸水中，边加边搅拌，煮 2 ~ 3 min 后切断电源，加入吸取的母液，用蒸馏水定容至刻度，用 1 mol · L^{-1} NaOH 溶液和 HCl 溶液调 pH 至 5.8 ~ 6.0。

（2）分装与包扎　将制作好的培养基分装入三角瓶中，用棉塞、牛皮纸和棉线进行封口包扎并装入灭菌筐中。

（3）灭菌　以立式的 LDZX 高压灭菌锅为例，先给灭菌锅加蒸馏水至高水位，将装有培养基的灭菌筐放入高压灭菌锅中，盖上高压锅盖，上紧螺帽（注意对角拧紧螺帽），关上放气阀和安全阀。接通电源，压力计升至 0.05 MPa 时，打开放气阀，排净冷空气，然后关闭放气阀，在 0.103 MPa，121℃，灭菌 20 min。灭菌结束后，关闭电源，打开放气阀放气（开始时打开尽量小，防止高压灭菌锅内培养基爆沸，后逐步加大打开量，直至压力计归零）。将灭菌后的培养基取出，放置于水平处自然冷却凝固。

【注意事项】

1. 分装培养基时可用漏斗，避免培养基沾在瓶（管）口。

2. 在使用高压灭菌锅时，灭菌锅内的冷空气要尽可能排净。

【思考题】

1. 为什么要用 1 $mol \cdot L^{-1}$ NaOH 溶液和 HCl 溶液调 pH？

2. 在使用高压灭菌锅时，灭菌锅内的冷空气要尽可能排净的原因是什么？

3. 可能导致培养基污染的原因有哪些？

43-3 外植体的消毒与接种

外植体（explant）是植物组织培养中作为离体培养材料的器官或组织。理论上植物细胞具有全能性，任何组织或器官都能成为外植体，但在实际实验中，植物不同种类、同一植株不同器官、同一器官不同生理状态，对外界诱导条件的感受及再生能力也不尽相同。

【实验目的】

掌握外植体选择的原理及方法，掌握外植体消毒的方法。

【实验原理】

1. 外植体的选择

根据植物细胞全能性理论，任何细胞组织和器官均可作为外植体，但实际上不同品种、不同器官之间的分化能力有较大区别。按照以下原则选择适宜的外植体。

（1）选择优良的种质；

（2）选择健壮的植株；

（3）选择适宜的部位；

（4）取材季节合理；

（5）考虑器官的生理状态和发育年龄；

（6）选择大小合适的外植体。

2. 外植体的消毒

从外界或室内选取的植物材料，不同程度地带有各种微生物，这些污染源一旦带入培养基，便会造成培养基污染。因此，植物材料必须经严格的表面消毒处理。消毒主要是采用物理或化学的方法杀死病菌，而尽可能地降低对植物材料的伤害，以实现消毒。

【仪器设备与试剂】

1. 仪器设备

镊子、剪刀、广口瓶、酒精棉球、酒精灯、超净工作台、铁架台、培养皿、标签、封口膜等。

2. 试剂

无菌水、95% 乙醇、10 $g \cdot L^{-1}$ NaClO 溶液、75% 乙醇。

【实验步骤】

1. 外植体的采集

（1）母本植株的选择　采集外植体若在大田条件下进行，则需要采集母本植株在一周内无灌水或自然降水，连续 3 d 的光照。若采集的是枝段，一般要求采集植株的中上部，尽可能不要采集离地面较近的枝段，以降低杂菌侵染。

（2）枝段的采集　首先用酒精棉球擦拭镊子和剪刀，然后一手持已消毒镊子夹住待剪枝段，另一手持已消毒剪刀剪取枝段，再剪去枝段叶片，预留叶柄，放入事先已灭菌的广口瓶中，要求剪取枝段的长度小于广口瓶檐高度。

（3）采集材料的运输　若采集地距实验室较近，则将采集的枝段在最短时间内完成消毒处理；若采集地距实验室较远，则事先须准备冰瓶，将剪取的枝段置于冰瓶，1 ~ 2 d 内带回实验室消毒处理。

2. 材料消毒

取采集的外植体，先用流水冲洗 15 ~ 30 min，接着用 75% 乙醇消毒 10 ~ 30 s，再用 10 g · L^{-1} NaClO 溶液消毒 15 ~ 30 min，最后用无菌水冲洗 4 ~ 5 遍，接种于适宜的培养基上培养。

3. 超净工作台和接种器具灭菌

打开超净工作台的紫外灯，照射 20 ~ 30 min。剪刀、镊子经过高温高压灭菌，使用前在超净工作台内，酒精灯外焰再次灼烧灭菌，放在铁架台上。

4. 无菌外植体的接种

取初代培养基，将瓶口通过酒精灯火焰灼烧灭菌，将封口材料轻轻松开，轻盖在瓶口，将培养基放在方便操作的位置，取已消毒的外植体，通过酒精灯火焰对瓶口灭菌，并在酒精灯火焰旁，一手持瓶，瓶口向上朝向酒精灯火焰，45° 倾斜，另一手轻轻揭去封口材料，瓶口靠近空培养皿，揭开空培养皿盖，然后用镊子将外植体材料放至空培养皿中。一手持镊子，一手持接种剪刀，将外植体材料按要求进行切割。切去外植体两端，将完好健壮的材料切割成适宜大小。完成切割后，取初代培养基，一手持瓶，瓶口向上 45° 倾斜，瓶口朝向并靠近酒精灯火焰，另一手轻轻揭去封口材料，然后将瓶口靠近培养皿，用镊子将切割好的材料均匀接种于初代培养基中。接种完成后，将瓶口通过酒精灯火焰灼烧灭菌，用封口膜封好瓶口，做好标签。

【注意事项】

1. 紫外灯照射期间不得进入接种室，照射完后立即关闭。
2. 剪刀、镊子经过酒精灯灼烧后，必须降至室温才可使用。
3. 不同的外植体消毒处理时间不同，应根据材料属性选择最佳消毒程序与时间。

【思考题】

1. 紫外灯照射有什么作用？
2. 消毒时间与污染率和药害率之间有何关系？

【参考文献】

1. 李胜，杨德龙 . 植物组织培养［M］. 2 版 . 北京：中国林业出版社，2021.
2. 袁学军 . 植物组织培养技术［M］. 北京：中国农业科学技术出版社，2017.
3. 李胜，杨宁 . 植物组织培养［M］. 北京：中国林业出版社，2015.
4. 李胜，李唯 . 植物组织培养原理与技术［M］. 北京：化学工业出版社，2008.
5. 李胜，赵露 . 植物组织培养实验指导［M］. 北京：中国林业出版社，2019.

实验 44 光对植物生长的影响

【实验目的】

学习并掌握光对植物生长发育的作用，掌握光调控植物形态建成的观察方法。

【实验原理】

光对植物的影响主要有两个方面：一方面光是绿色植物光合作用必需的，另一方面光调节植物整个生长发育，以便更好地适应外界环境。其中光形态建成是植物依赖光来控制植物的生长、分化和发育，表现在分子、细胞、组织和器官各个水平层次的变化上，最终汇集成组织和器官，即光控制植物发育的过程，称为光形态建成（photomorphogenesis）。

【实验材料和仪器设备】

1. 实验材料

豌豆或其他植物种子

2. 仪器设备

培养缸、培养皿、滤纸、细沙、恒温培养箱等。

【实验步骤】

（1）将供试种子冲洗干净，均匀地散在铺有湿滤纸的培养皿中，置于恒温培养箱中25 ~ 28℃培养发芽 3 ~ 5 d，期间按时补充水分。

（2）取培养缸 5 个盛满细沙，将发芽一致的种子（20 ~ 30 粒发芽种子）播入沙中，浇水（以湿润为宜），分别做以下处理。

处理 1：整个实验期间，植物均放在暗室培养；

处理 2：整个实验期间，每天移至光照 30 min；

处理 3：整个实验期间，每天移至光照 1 h；

处理 4：整个实验期间，置于自然光照下培养；

处理 5：整个实验期间，置于全光照下培养。

实验期间注意保持适当的温度和土壤水分，2 ~ 3 周后，观察各处理植株高度、节间长度和叶子展开情况，并进行分析。

【结果与分析】

按表 44–1 记录实验结果，分析黑暗处理和不同光照处理的植株形态变化，并简述其原因。

表 44–1 不同光照处理对植物生长的影响

处理	植株高度 /cm	节间长度 /cm	叶色、叶子展开等情况描述
黑暗			
每天光照 30 min			
每天光照 1 h			
自然光照			
全光照			

注：每个处理取平均值记录于表中

【注意事项】

各处理除了光照时间外，其余培养条件尽量保持一致。

【思考题】

环境因子中为什么光显著调控植物形态建成？

【参考文献】

王三根 . 植物生理学实验教程［M］. 北京：科学出版社，2017.

实验 45　植物春化作用和光周期现象的观察

【实验目的】

学习并掌握温度和光对植物生长发育的调控作用，掌握温度和光周期调控植物形态建成的观察方法。

【实验原理】

植物从营养生长进入生殖生长需要一定外界环境诱导，其中常见的外界环境诱导条件是低温和光周期。首先，低温诱导植物成花的现象称为春化作用。不同植物对春化作用所需的温度和时间均不相同，通常品种冬性越强，需要的温度越低，时间越长。其次，植物成花时，对白天或黑夜相对长度的反应称为光周期现象（photoperiodism）。许多植物须经过一定的光周期才能开花，叶是感受光周期的器官。在适宜的光周期条件下，成熟叶片中合成一些特殊的代谢物，传递至生长点，导致生长点形成花芽，植物成花。

【实验材料和仪器设备】

1. 实验材料

（1）春化作用　冬性或半冬性小麦种子。

（2）光周期　大豆幼苗（迟熟种）或水稻幼苗（感光性强的品种）、菊花或者其他短日照植物。

2. 仪器设备

滤纸、培养皿、光照培养箱、花盆、黑罩（外面白色，里面黑色）或暗室、日光灯或红色灯泡（60 ~ 100 W）、具光源开关的自动控制装置等。

【实验步骤】

1. 春化作用

（1）挑选籽粒饱满、无病虫害的小麦种子，用自来水冲洗三次，再用蒸馏水冲洗 3 次，室温下浸泡 24 h，将种子的腹沟朝下放在铺有湿润滤纸的培养皿中，放入光照培养箱中培养（不设置人工光照）。

（2）取萌发的小麦种子分别在 20 ℃、15 ℃、10 ℃、5 ℃、0 ℃下处理 35 d、28 d、21 d、14 d、7 d 和 0 d。材料处理完后，从每个培养皿中分别选取 3 株种植于花盆中，以未经春化处理的小麦植株作为对照，观察幼苗生长情况，分析春化处理对小麦幼苗生长的影响。

2. 光周期现象

（1）当大豆幼苗长出第一片复叶，或水稻幼苗长出 5 ~ 6 片叶（夜温在 20℃以上）后，即可按表 45–1 所述方法给予不同处理，一般情况连续处理 10 d 即可完成。

表 45-1 不同光周期处理

处理	处理方法
短日照	每日照光 10 h（7：30—17：30）
间断白昼	每日 11：30—14：30 移入暗处，间断白昼 3 h
间断黑夜	在短日照处理基础上，于 24：00—凌晨 1：00 照光 1 h，以间断黑夜
对照	以自然条件为对照

（2）经上述处理后，记下各处理的大豆现蕾期和水稻始穗期，并与对照做比较。

【结果与分析】

记录并分析实验结果。

【注意事项】

各处理除了春化作用和光周期外，其余生长条件尽量保持一致。

【思考题】

1. 简述植物的春化作用与温度之间的关系。

2. 简述植物成花与光周期之间的关系。

【参考文献】

王三根 . 植物生理学实验教程［M］. 北京：科学出版社，2017.

实验 46 花粉萌发和花粉活性的测定

46-1 花粉萌发的测定

【实验目的】

学习并了解植物花粉的生物学特性，掌握花粉萌发的测定方法。

【实验原理】

成熟的花粉具有较强的生活力，在适宜的条件下均可萌发。花粉萌发和生长的情况与植物的种类、花粉的成熟度、温度、湿度、pH 等培养条件有关。实验中，通过改变培养条件，利用正交实验法测定花粉管长度，可以找出促进花粉萌发的最佳培养条件。

【实验材料、仪器设备与试剂】

1. 实验材料

刚开放或将要开放的花朵（酷热天气中午前后不能采，最好现采现用）。

2. 仪器设备

恒温箱、显微镜、测微尺、毛笔、镊子、培养皿、盖玻片。

3. 试剂

（1）确定硼酸、蔗糖、温度、pH 四种因子的水平值。实验中对每种因子选择高中低 3 个水平（以 1、2、3 表示，表 46-1）

表 46–1　花粉萌发因子的水平值

水平	花粉萌发因子			
	蔗糖含量 /%	硼酸浓度 /（μg · mL^{-1}）	温度 /℃	酸碱度 /pH
1	5	10	23	6.0
2	10	25	28	6.5
3	15	50	33	7.0

（2）按表 46–2 配制培养基。

表 46–2　花粉萌发培养基配方

实验组号	配方			
	蔗糖含量 /%	硼酸浓度 /（μg · mL^{-1}）	温度 /℃	pH
1	5（1）	10（1）	23（1）	6.0（1）
2	5（1）	25（2）	28（2）	6.5（2）
3	5（1）	50（3）	33（3）	7.0（3）
4	10（2）	10（1）	28（2）	7.0（3）
5	10（2）	25（2）	33（3）	6.0（1）
6	10（2）	50（3）	23（1）	6.5（2）
7	15（3）	10（1）	33（3）	6.5（2）
8	15（3）	25（2）	23（1）	7.0（3）
9	15（3）	50（3）	28（2）	6.0（1）

注：括号内数字表示因子水平

（3）0.1 mol · L^{-1} NaOH 溶液（含 0.4 mol · L^{-1} 蔗糖溶液）。

【实验步骤】

（1）在灭过菌的培养皿中央滴 1 滴培养基溶液，用毛笔将少许花粉粒刷下，置于培养基中。

（2）将盖玻片轻轻盖上，有花粉粒的一面朝下（必要时在盖玻片边缘上涂少许凡士林，以防止水分蒸发和盖玻片移动）。

（3）恒温箱中培养 45 ~ 60 min 后，滴入 0.1 mol · L^{-1} NaOH 溶液（含 0.4 mol · L^{-1} 蔗糖）1 滴，终止生长，置于显微镜下观测，并用测微尺计算花粉管长度。每个处理观测 50 个花粉管长度，然后求其平均值，并进行统计分析。

【注意事项】

花粉量不宜过多，应均匀地散于培养基上，以免影响观察。

【思考题】

离体花粉为什么还能萌发？

【参考文献】

李小方，张忠良 . 植物生理学实验指导［M］. 5 版 . 北京：高等教育出版社，2016.

46-2　花粉活性测定

Ⅰ　碘化钾染色测定法

【实验目的】

学习并了解植物花粉的生物学特性，掌握碘化钾染色法测定花粉活性的方法。

【实验原理】

花粉活性是指成熟花粉粒在适宜的条件下可以萌发受精的能力。多数植物的成熟花粉粒会积累较多的淀粉，遇到 I_2-KI 溶液，会染成蓝色。同时发育不良的花粉由于不含淀粉或积累淀粉较少，I_2-KI 溶液染色后呈黄褐色，因此可以根据淀粉遇碘变色的特性，从蓝色的深浅程度来判断花粉活性的高低。

【实验材料、仪器设备与试剂】

1. 实验材料

植物花粉。

2. 仪器设备

载玻片、盖玻片、显微镜、棕色试剂瓶、镊子、烧杯、天平、量筒、滴管。

3. 实验试剂

I_2-KI 溶液　取 2 g KI 溶于 10 mL 蒸馏水中，加入 1 g I_2，待全部溶解后，再加蒸馏水定容至 300 mL，贮藏于棕色试剂瓶中备用。

【实验步骤】

（1）收集花药，置于载玻片上，滴加一滴蒸馏水，用镊子将花药捣碎，使花粉释放。

（2）加入 1 ~ 2 滴 I_2-KI 溶液，盖上盖玻片，在显微镜下观察颜色。若花粉被染成蓝色，其活性较强，若染成黄褐色，则该花粉发育不良。

（3）观察几个切片，每片取 3 ~ 5 个视野，统计 100 粒花粉，计算花粉活性的百分率。

【注意事项】

此法不能准确地表示花粉活性，也不适用于研究某一处理对花粉活性的影响，因为三核期退化的花粉已有淀粉的积累，遇碘成蓝色反应。另外，含有淀粉而失活的花粉遇到 I_2-KI 也会成蓝色。

Ⅱ　TTC 染色法测定花粉活性

【实验目的】

学习并了解植物花粉的生物学特性，掌握 TTC 染色法测定花粉活性的方法。

【实验原理】

具有活性的花粉，在呼吸过程中都会产生氧化还原反应，产生还原力，无活性的花粉则无此反应。将花粉活细胞浸泡在 TTC（2,3,5- 氯化三苯四氮唑）溶液中，花粉活细胞发生呼吸作用，产生的还原力将使 TTC 由无色的氧化态，还原成不溶性的红色三苯甲腊（TTF），若花粉无活性，则该花粉不能被染色。根据花粉的染色状况，便可判断花粉的活性。其反应如下：

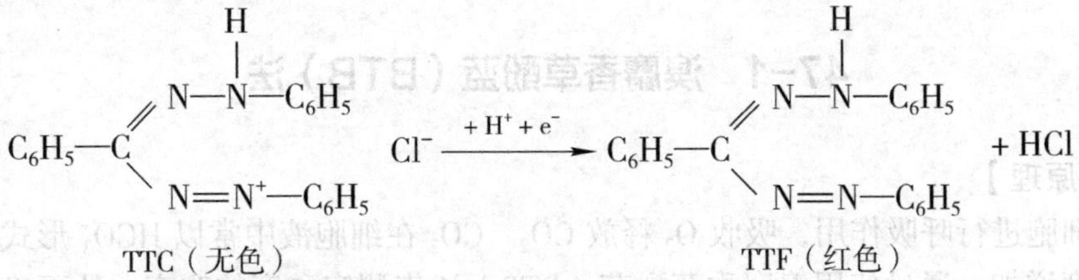

【实验材料、仪器设备与试剂】

1. 实验材料

植物花粉。

2. 仪器设备

显微镜、载玻片、盖玻片、恒温箱、镊子、烧杯、天平、量筒。

3. 试剂

5 g · L^{-1} TTC 溶液　称取 0.5 g TTC 放入烧杯中，加入少许 95% 乙醇使其溶解，然后用蒸馏水稀释至 100 mL。溶液避光保存，若发现溶液呈红色时，则不能使用。

【实验步骤】

（1）取少许花粉置于载玻片上，加 1 ~ 2 滴 TTC 溶液，盖上盖玻片。

（2）将制作好的切片，在 35℃恒温箱中放置 15 min，然后置于显微镜下观察，凡染成红色的花粉活性强，淡红色的次之，无色的为不具活性的花粉或不育花粉。

（3）观察几个切片，每片取 3 ~ 5 个视野，统计 100 粒花粉，计算花粉活性百分率。

【注意事项】

注意 TTC 染色的时间不宜过长，且染色时间与温度相关。

【思考题】

比较碘化钾染色法与 TTC 染色法测定花粉活性的优缺点。

【参考文献】

1. 邹琦 . 植物生理学实验指导［M］. 北京：中国农业出版社，2003

2. 张卓文 . 崇阳杉木种子园无性系花粉活力及花粉萌特性研究［J］. 种子，2003（5）：80–81.

3. 高俊凤 . 植物生理学实验指导［M］. 北京：高等教育出版社，2006.

实验 47　种子生活力的测定

种子生活力（seed viability）是指种子能够萌发的潜在能力或种胚具有的生命力。测定种子生活力常采用萌发实验，即在适宜的条件下，让种子吸水萌发，在规定的时间内统计发芽种子的百分数。但是采用萌发实验测定种子的生活力所需时间较长，有时在生产上或种子贸易过程中，需要快速地了解种子的生活力，采用萌发实验就无法满足这些要求。另外，处于休眠状态下的种子虽然不能萌发，但仍然具有生活力，显然，采用萌发实验无法测定休眠种子的生活力。而采用以下的化学方法，可以较快地测定种子的生活力。

【实验目的】

学习并了解植物种子的生物学特性，掌握溴麝香草酚蓝（BTB）法、氯化三苯四氮唑（TTC）法、红墨水法和纸上荧光法测定种子生活力的方法。

47-1　溴麝香草酚蓝（BTB）法

【实验原理】

植物细胞进行呼吸作用，吸收 O_2 释放 CO_2。CO_2 在细胞液中常以 HCO_3^- 形式存在，使种胚的酸度增加。通过使用溴麝香草酚蓝（BTB）法来测定酸度的改变，从而确定种子生活力。BTB 的变色范围为 pH 6.0～7.6，在酸性条件下，呈黄色，遇碱呈蓝色，在 pH 7.1 附近为绿色。颜色差异显著，易于观察。

【实验材料、仪器设备与试剂】

1. 实验材料

大麦、小麦种子。

2. 仪器设备

恒温箱、天平、培养皿、烧杯、镊子、棕色试剂瓶。

3. 试剂

（1）$1\ g \cdot L^{-1}$ BTB 溶液　称取 BTB 0.1 g，溶解于煮沸的自来水中（配制指示剂的水应为微碱性，使溶液呈蓝色或蓝绿色，蒸馏水为微酸性，不宜用），然后用滤纸滤去残渣，滤液若呈黄色，可加数滴稀氨水，使之变为蓝色或蓝绿色。此液贮于棕色试剂瓶中可长期保存。

（2）$1\ g \cdot L^{-1}$ BTB 琼脂凝胶　取 $1\ g \cdot L^{-1}$ BTB 溶液 100 mL，置于烧杯中，将 1 g 琼脂剪碎后加入，用小火加热并不断搅拌。待琼脂完全溶解后，趁热倒在数个干净的培养皿中，使之成为均匀的薄层，冷却后备用。

【实验步骤】

1. 浸种

取 200～300 粒待测的种子，在 30～35℃温水中浸种 6～8 h，增强种胚的呼吸强度，使显色迅速。

2. 显色和观察

（1）取吸胀的种子 200 粒，整齐地置于加入 BTB 琼脂凝胶的培养皿中，种子平铺，间隔距离 1～3 cm；

（2）将培养皿置于 30～35℃下培养 2～4 h，在蓝色背景下观察，如种胚附近呈现较深黄色的晕圈是活种子，否则是死种子。用沸水杀死的种子做同样处理，进行对比观察。

3. 计算分析

计数种胚附近出现黄色晕圈的活种子数，计算出活种子的百分率。

47-2　氯化三苯四氮唑（TTC）法

【实验原理】

TTC（2,3,5- 氯化三苯四氮唑，2,3,5-triphenyltetrazolium chloride）法，根据有生活力的种子能够进行呼吸作用，在呼吸过程中由脱氢酶催化所脱下来的氢，可以将无色的 2,3,5- 氯化三苯四氮唑（TTC）还原为红色不溶性的三苯甲臜（TTF），同时种子的生活力越强，代谢活动越旺盛，被染成红色的程度越深。死种子没有呼吸作用，不能产生还原力，因而不会将 TTC 还原为 TTF，不会出现红色。因此，可根据种胚染色的部位以及染色的深浅程度来判断种子生活力。

【实验材料、仪器设备与试剂】

1. 实验材料

小麦或水稻种子。

2. 仪器设备

恒温箱、试管、镊子、刀片、小烧杯、棕色试剂瓶、恒温水浴锅、培养皿。

3. 试剂

5 g · L^{-1} TTC 溶液　称取 0.5 g TTC 放入小烧杯中，先加少许乙醇溶解后，再用蒸馏水稀释定容至 100 mL。TTC 溶液随用随配，不宜久藏，置于棕色试剂瓶中避光贮藏。

【实验步骤】

1. 浸种

将供试种子用温水（30 ~ 35℃）浸泡 2 ~ 6 h，使种子充分吸胀，为呼吸代谢做准备。

2. 显色

（1）取吸胀种子 20 ~ 30 粒，剥去种皮（注意不要伤害种胚）。

（2）将处理好的种子置于试管中，加入 5 g · L^{-1} TTC 溶液，以浸没种子为准，置于恒温箱（30 ~ 35℃）中保温 0.5 ~ 1 h。

（3）另取 20 粒吸胀种子，于沸水浴中煮 5 min，再加入 5 g · L^{-1} TTC 溶液淹没种子染色，也放于恒温箱（30 ~ 35℃）中保温 0.5 ~ 1 h。

3. 统计

倒出 TTC 溶液，用清水将种子冲洗 1 ~ 2 次，观察种胚的染色情况。凡种胚全部或大部分被染成红色的即为具有生活力的种子，种胚不被染色的为死种子。根据上述标准鉴定煮沸和未煮沸种子的生活力。

【注意事项】

染色结束后要立即进行鉴定，因为放置太久会褪色。

47-3　红 墨 水 法

【实验原理】

具有生活力的种子，其胚细胞的原生质膜具有半透性，对外界物质的吸收有选择能力，某些染料如红墨水中的酸性曙红不能进入细胞内，胚部不染色。而丧失生活力的种子，其胚部的细胞原生质膜丧失了选择性，染料可自由进入到种胚中，使胚部染色。所以可根据种子胚部是否染色来判断种子生活力。

【实验材料、仪器设备与试剂】

1. 实验材料

小麦、玉米或水稻种子。

2. 仪器设备

烧杯、刀片、镊子、培养皿、恒温水浴锅。

3. 试剂

红墨水溶液　取市售红墨水稀释 20 倍（红墨水：自来水 = 1：19）作为染色剂。

【实验方法】

1. 种子处理

（1）将供试种子用温水（30 ~ 35℃）浸泡 2 ~ 6 h，使种子充分吸胀，为呼吸代谢做准备。从中取出一部分吸胀的种子，在沸水中煮沸 3 ~ 5 min，作为死种子。

（2）将浸泡好的活种子和煮沸杀死后的死种子各 50 粒，用刀片沿胚部中线纵切成两半，其中一半用于测定。

2. 染色

（1）将处理好的种子放入培养皿中，加入红墨水溶液，以浸没种子为准。

（2）静置 10 ~ 20 min，待种子染色后，倒出红墨水溶液，用自来水反复冲洗，直至不再洗出颜色为止。

3. 观察分析

用煮沸杀死的死种子作为参照，对比观察染色后的活种子和死种子的胚部着色情况，凡胚部不着色或略带浅红色者，即为具有生活力的种子。若胚部染成与胚乳相同的红色，则为死种子，计数并计算该种子生活力的百分率。

47-4 纸上荧光法

【实验原理】

具有生活力的种子和死亡的种子，它们的种皮对物质的选择透性是不同的，同时许多种子中，都含有荧光物质。利用对荧光物质的不同选择透性来区分种子是否具有生活力，方法简单方便，特别是对十字花科植物种子，尤为适用。

【实验材料、仪器设备与试剂】

1. 实验材料

油菜、白菜等十字花科植物种子（须完整无损）。

2. 仪器设备

紫外荧光灯、培养皿、镊子、滤纸（无荧光）、喷壶。

3. 试剂

纯净水。

【实验步骤】

（1）取完整无损的种子 100 粒，于 25 ~ 30℃温水中浸泡 2 ~ 3 h，让种子充分吸胀。

（2）取 5 个培养皿，将无荧光的滤纸铺在培养皿中，用喷壶喷湿。将已吸胀的种子，以 3 ~ 5 mm 间隔，均匀铺放在培养皿的湿滤纸上，放置 1.5 ~ 2 h，将种子取出（种子取出时，仍按原来的顺序排列在另一培养皿中，以备验证），同时将滤纸阴干。

（3）将阴干的滤纸置于紫外荧光灯下进行观察，计数并计算具有生活力种子的百分率。

（4）在滤纸上放过种子的位置上，若见到荧光圈，则为死种子，如果需要进一步验证，可将排列在另一培养皿相同位置的这些种子挑拣出来，进一步进行发芽实验进行验证。

【注意事项】

1. 滤纸上水分不能过多，以免荧光物质流散彼此影响。

2. 不同种子种皮的性质、厚薄及坚硬程度不同，有些种子无论是否有生活力，一经浸泡，即有荧光物质渗出，如大豆；也有些种子由于种皮的不透性，无论种子死活，都不产生荧光圈。此时，可采用机械破损法擦伤种皮，重新验证。

3. 实验时应注意种子的浸泡液中无荧光。

【思考题】

比较几种测定种子生活力方法的优缺点。

【参考文献】

李小方，张忠良 . 植物生理学实验指导［M］. 5 版 . 北京：高等教育出版社，2016.

陈建勋 . 植物生理学实验指导［M］. 广州：华南理工大学出版社，2006.

高俊凤 . 植物生理学实验指导［M］. 北京：高等教育出版社，2006.

实验 48　植物组织果胶酶活性的测定

【实验目的】

学习并了解植物组织果胶酶的分布与生理作用，掌握果胶酶活性的测定方法。

【实验原理】

果胶酶广泛分布于高等植物体内，是分解植物中果胶质的酶类。果胶质是由原果胶、果胶酯酸和果胶酸三种主要成分组成的混合物。果胶酶按其催化分解化学键的不同，可分为果胶酯酶（PE）和多聚半乳糖醛酸酶（PG）两种。

果胶酯酶（PE）可催化果胶酯酸（多聚半乳糖醛酸甲酯）的酯键水解，生成果胶酸和甲醇。因此可通过 NaOH 对酶解反应所产生的果胶酸进行滴定，从而测定果胶酯酶的活性。

多聚半乳糖醛酸酶（PG）可催化水解果胶酸（多聚半乳糖醛酸）的 1,4- 糖苷键，产生半乳糖醛酸。半乳糖醛酸的醛基具有还原性，因此可用亚碘酸法进行定量测定，通过测定的半乳糖醛酸的含量来表示多聚半乳糖醛酸酶（PG）的活性。

【实验材料、仪器设备与试剂】

1. 实验材料

未成熟的香蕉果实。

2. 仪器设备

滴定管、研钵、天平、离心管、移液管、三角瓶、恒温水浴锅、容量瓶、离心机。

3. 试剂

（1）0.05 mol · L^{-1}NaOH 溶液。

（2）1 mol · L^{-1} H_2SO_4 溶液。

（3）5 g · L^{-1}可溶性淀粉溶液。

（4）10 g · L^{-1} NaCl 溶液。

（5）5 g · L^{-1} 中性红乙醇（75%）溶液。

（6）10 g · L^{-1} 果胶溶液　称取 1 g 果胶粉于烧杯中，加入 100 mL 5 g · L^{-1} NaCl 溶液，加热溶解，过滤，冷却，加蒸馏水定容到 100 mL。

（7）0.05 mol · L^{-1} 硫代硫酸钠（$Na_2S_2O_3$）溶液　称取 12.41 g $Na_2S_2O_3$，用 500 mL 蒸馏水溶解后，用容量瓶定容到 1 000 mL，1 周后用重铬酸钾标定。

（8）1 mol · L^{-1} Na_2CO_3 溶液 称取 53 g 无水碳酸钠于烧杯内，用蒸馏水溶解，用容量瓶定容到 500 mL。

（9）0.1 mol · L^{-1} I_2–KI 溶液 称取 2.5 g KI，溶于 5 mL 蒸馏水中，另取 1.27 g I_2，溶于 KI 溶液中，待 I_2 全部溶解后，定容到 100 mL，贮存于棕色试剂瓶中。

（10）重铬酸钾溶液 将分析纯的重铬酸钾置于 105℃烘箱内烘 2 h，然后移入干燥器内冷却到室温，准确称取重铬酸钾 2.452 0 g，用蒸馏水溶解，用容量瓶定容到 100 mL，此溶液的浓度约为 0.008 3 mol · L^{-1}。

（11）硫代硫酸钠浓度的标定 取 3 个 100 mL 的三角瓶，各加入 10 mL 蒸馏水、0.1 g KI、10 mL 重铬酸钾溶液和 1 mol · L^{-1} HCl 溶液，当 KI 溶解后，立即用硫代硫酸钠溶液滴定，当滴至溶液微黄时，加入 1 ~ 2 滴 5 g · L^{-1} 可溶性淀粉溶液，继续滴定至蓝色消失，记录硫代硫酸钠的用量，求出平均值，计算硫代硫酸钠的浓度。

【实验步骤】

1. 酶液的制备

（1）称取 20 g 香蕉果实放入研钵中，加入 25 mL 10 g · L^{-1} NaCl 溶液，捣成匀浆。

（2）将匀浆液全部转入离心管中，在 4 000 r · min^{-1} 条件下离心 10 min，将上清液转入 100 mL 容量瓶中。

（3）在沉淀中加入 20 mL 5 g · L^{-1} NaCl 溶液，将沉淀悬浮，在 4 000 r · min^{-1} 条件下离心 10 min，将上清液转入 100 mL 容量瓶中，再重复一次。

（4）将提取液并入容量瓶中，用 5 g · L^{-1} NaCl 溶液定容至 100 mL。

此溶液即为提取的粗酶液。

2. 果胶酯酶（PE）活性的测定

在 100 mL 三角瓶中，加入 10 mL 10 g · L^{-1} 果胶溶液，加 2 滴中性红乙醇溶液，放入 30℃恒温水浴锅中预热 3 min，用 0.05 mol · L^{-1} NaOH 溶液滴定至红色刚刚消失。加入 10 mL 粗酶液，摇匀，立即计时，继续保温，观察溶液颜色的变化。待红色出现，用 0.05 mol · L^{-1} NaOH 溶液继续滴加，至红色消失。实验进行 30 min，记录 30 min 内滴加的 NaOH 溶液的量。2 次重复，取平均值。

3. 多聚半乳糖醛酸酶（PG）活性的测定

取 10 mL 10 g · L^{-1} 果胶溶液 4 份，分别放入 150 mL 三角瓶中，将三角瓶编号 1、2、3 和 4，1 号和 2 号三角瓶为对照处理，3 号和 4 号为样品，其中 1 号和 2 号加入 10 mL 粗酶液，在沸水浴中 5 min 钝化，冷却；在 4 瓶中分别加入 10 mL 10 g · L^{-1} 果胶溶液，3 号和 4 号分别再加入粗酶液 10 mL，将 4 瓶溶液 pH 均调至 3.5，于 40℃水浴中保温 2 h，反应结束后，取出三角瓶，将 3 号和 4 号两瓶含活酶液的样品放入沸水浴中加热 5 min，然后用冷水冷却到室温。

向每瓶中均加入 5 mL 1 mol · L^{-1} Na_2CO_3 溶液和 5 mL 0.1 mol · L^{-1} I_2–KI 溶液，摇匀加塞，室温下静置 20 min。待反应结束后，向每瓶内加入 5 mL 2 mol · L^{-1} H_2SO_4 溶液。用 0.05 mol · L^{-1} 硫代硫酸钠溶液滴定至淡黄色，加 3 ~ 5 滴 5 g · L^{-1} 可溶性淀粉溶液，再用硫代硫酸钠溶液继续滴定至蓝色消失为止。记录所消耗的硫代硫酸钠溶液的量。

4. 结果与分析

（1）计算酶的粗提液中果胶酯酶（PE）的活性

$$\text{PE 活性} = \frac{V \times c \times 1 \times 100}{10 \times 20 \times 0.5}$$

式中，c 为 NaOH 溶液的浓度（$mol \cdot L^{-1}$）；V 为消耗的 NaOH 溶液的量（mL）；1 为转换系数；100 为酶提取液总体积（mL）；0.5 为酶催化反应时间（h）；10 为滴定体系中酶液的体积（mL）；20 为样品鲜重（g）。

（2）计算酶的粗提液中多聚半乳糖醛酸酶（PG）的活性

$$\text{PG 活性} = \frac{\left(\frac{V_1 + V_2}{2} - \frac{V_3 + V_4}{2}\right) \times c \times 0.51 \times 100}{10 \times 20 \times 2}$$

式中，V_1、V_2、V_3、V_4 为样品和对照消耗硫代硫酸钠的体积（mL）；c 为硫代硫酸钠溶液的浓度（$mol \cdot L^{-1}$）；0.51 为转换系数，1 mol 硫代硫酸钠相当于 0.51 mol 半乳糖醛酸；100 为酶提取液总体积（mL）；10 为滴定体系中酶液的体积（mL）；20 为样品鲜重（g）；2 为酶催化反应时间（h）。

【思考题】

简述果胶酶在植物组织中的分布与生理作用。

【参考文献】

1. 陈建勋 . 植物生理学实验指导［M］. 广州：华南理工大学出版社，2006.
2. 王三根 . 植物生理学实验教程［M］. 北京：科学出版社，2017.

第八章　植物逆境生理

实验 49　电导法测定植物细胞质膜透性

【实验目的】

了解逆境胁迫对植物细胞质膜透性影响，掌握电导率法测定植物细胞质膜透性的原理和方法。

【实验原理】

植物细胞质膜主要由磷脂和蛋白质组成，具有选择透过性。逆境胁迫，如极端温度、干旱、重金属离子等均可导致细胞膜受损，膜透性增大，引起细胞内电解质外渗，因此可以通过测定电导率数值，间接反映植物细胞膜的受伤害程度。如果植物的抗逆性强，那么其在外界条件作用下细胞膜的受伤害程度越小，膜的透性变化越小，胞内电介质外渗越少，外液的电导率也越小，反之越大。

【实验材料、仪器设备与试剂】

1. 实验材料

植物叶片。

2. 仪器设备

电导率仪、真空干燥器、打孔器、恒温水浴锅、冰箱、烘箱、滤纸、洗瓶、培养皿、烧杯。

3. 试剂

300 g · L^{-1} 聚乙二醇溶液。

【实验步骤】

（1）植物叶片、打孔器及玻璃器皿用蒸馏水冲洗干净后，再次使用去离子水冲洗，滤纸拭去表面水分。进行以下胁迫处理。

① 高温胁迫　将盛有叶片的培养皿置于 50℃烘箱中处理 1 h。

② 低温处理　将盛有叶片的培养皿置于 –20℃冰箱中处理 0.5 h。

③ 干旱胁迫　将叶片置于 300 g · L^{-1} 聚乙二醇溶液中处理 1 h，用蒸馏水冲洗，滤纸拭去表面水分。

对照组为常温下无处理材料。

（2）将各种叶片用打孔器打出小叶片，取小叶片 10 片，置于烧杯中，加去离子水 20 mL，放入干燥器中进行真空抽气处理 10 min，然后置于常温常压下静置 30 min，每隔 5 min 振荡 1 次，30 min 后测定电导率 S_1，再次置于沸水浴中煮沸 10 min，取出冷却至室温，测定电导率 S_2，计算相对电导率值 L（$L = S_1/S_2$）。

【注意事项】

1. 植物叶片、打孔器、玻璃器皿用蒸馏水冲洗干净。

2. 电极头使用时用去离子水冲洗。

【思考题】

1. 为什么要使用真空干燥器进行抽气？

2. 为什么进行沸水浴处理？

【参考文献】

陈刚，李胜．植物生理学实验［M］．北京：高等教育出版社，2016.

实验 50　植物体内游离脯氨酸含量的测定

【实验目的】

了解脯氨酸的生理作用，掌握测定植物体内脯氨酸含量的原理和方法。

【实验原理】

植物在正常条件下，游离脯氨酸含量很低，但遇到干旱、低温、盐碱等逆境胁迫时，游离脯氨酸便会大量积累，且积累量与植物的抗逆性有关。酸性茚三酮可与脯氨酸反应，生成稳定的红色化合物，颜色的深浅即表示脯氨酸含量的高低，在 520 nm 波长下测定吸光度，代入标准曲线方程可计算出脯氨酸含量。

【实验材料、仪器设备与试剂】

1. 实验材料

植物叶片。

2. 仪器设备

分光光度计、比色皿、离心机、研钵、小烧杯、容量瓶、试管、离心管、微量移液器、恒温水浴锅、培养皿、烘箱、冰箱、滤纸、分析天平。

3. 试剂

（1）25 $g \cdot L^{-1}$ 酸性茚三酮溶液　称取 2.50 g 茚三酮溶于 60 mL 无水乙酸和 40 mL 6 $mol \cdot L^{-1}$ 磷酸溶液中，搅拌加热（70℃）溶解，贮于冰箱中。

（2）30 $g \cdot L^{-1}$ 磺基水杨酸溶液　称取 3.0 g 磺基水杨酸加蒸馏水溶解后定容至 100 mL。

（3）无水乙酸。

（4）甲苯。

（5）300 $g \cdot L^{-1}$ 聚乙二醇溶液。

（6）脯氨酸。

【实验步骤】

1. 胁迫处理

（1）高温胁迫　将盛有叶片的培养皿置于 50℃烘箱中处理 1 h。

（2）低温处理　将盛有叶片的培养皿置于 −20℃冰箱中处理 0.5 h。

（3）干旱胁迫　将叶片置于 300 $g \cdot L^{-1}$ 聚乙二醇溶液中处理 1 h，用蒸馏水冲洗，滤纸拭去表面水分。

对照组为常温下无处理材料。

2. 标准曲线的绘制

（1）称取 25.0 mg 脯氨酸置于小烧杯，用少量蒸馏水溶解，然后倒入 250 mL 容量瓶中，加蒸馏水至刻度线，此脯氨酸标准溶液浓度为 100 μg · mL^{-1}。

（2）脯氨酸浓度梯度标准溶液的配制：取 6 个 50 mL 容量瓶，分别加入脯氨酸原液 0.5 mL、1.0 mL、1.5 mL、2.0 mL、2.5 mL 及 3.0 mL，加蒸馏水至刻度线，摇匀得到浓度分别为 1 μg · mL^{-1}、2 μg · mL^{-1}、3 μg · mL^{-1}、4 μg · mL^{-1}、5 μg · mL^{-1} 及 6 μg · mL^{-1} 的脯氨酸浓度梯度标准溶液。

（3）取 20 mL 刻度试管 6 支，编号 0 ~ 5，分别吸取 2 mL 脯氨酸浓度梯度标准溶液及 2 mL 无水乙酸和 2 mL 酸性茚三酮溶液，摇匀，在沸水浴中加热 30 min。

（4）取出冷却各试管，并分别加入 4 mL 甲苯，振荡 30 s 后静置片刻，取上层液至 10 mL 离心管中，3 000 r · min^{-1} 离心 5 min，用微量移液器转移上层脯氨酸甲苯溶液至比色皿中，用空白（甲苯）作对照，在 520 nm 波长下，测定吸光度。

（5）标准曲线的绘制：先求出吸光度（y）与脯氨酸浓度（x）的回归方程，再按回归方程绘制标准曲线，计算每毫升测定液中脯氨酸的含量（μg · mL^{-1}）。

3. 样品的测定

（1）称取植物样品 0.5 g 置于研钵中，加入 30 g · L^{-1} 磺基水杨酸溶液 5 mL，研磨至匀浆转移至离心管，在沸水浴中提取 10 min（提取过程注意经常摇动），冷却后 4 000 r · min^{-1} 离心 5 min，倾倒上清液于试管中。

（2）吸取上述离心上清液 2 mL 至带塞试管中，加入 2 mL 无水乙酸、2 mL 酸性茚三酮溶液，摇匀置于沸水浴 30 min，取出冷却后加入 4 mL 甲苯，振荡 30 s 后静置片刻，取上层液至 10 mL 离心管中，3 000 r · min^{-1} 离心 5 min，用微量移液器转移上层脯氨酸甲苯萃取液至比色皿，在 520 nm 波长下，测定吸光度，用空白调零。将吸光度代入标准曲线回归方程求出脯氨酸含量。

$$脯氨酸含量 = \frac{C \times (V/V_1)}{m}$$

式中，C 为提取液中脯氨酸含量（μg），由标准曲线求得；V 为提取液总体积（mL）；V_1 为测定时所吸取的体积（mL）；m 为样品质量（g）。

【注意事项】

1. 酸性茚三酮溶液现用现配。

2. 甲苯有毒，使用时注意安全。

【思考题】

1. 逆境胁迫下，植物体内游离脯氨酸增加的原因是什么？

2. 甲苯的作用是什么？

【参考文献】

1. 陈刚，李胜 . 植物生理学实验［M］. 北京：高等教育出版社，2016.

2. 邹琦 . 植物生理学实验指导［M］. 北京：中国农业出版社，2000.

实验 51　植物体内甜菜碱含量的测定

【实验目的】

了解植物甜菜碱的生理作用，掌握比色法测定植物甜菜碱含量的原理和方法。

【实验原理】

甜菜碱（betaine）是高等植物中一种重要的非毒性渗透调节物质，可以通过调节细胞的渗透势来提高植物的渗透调节能力。在逆境胁迫下，甜菜碱具有渗透调节、清除活性氧、维持生物膜的稳定性、保护光合结构、维持大分子蛋白质复合物和一些酶类的结构与功能的稳定等多种功能。在无机酸条件下，甜菜碱与雷氏盐反应，生成的银色络合物，在 525 nm 处具有最大吸收峰。

【实验材料、仪器设备与试剂】

1. 实验材料

植物叶片。

2. 仪器设备

分光光度计、磁力搅拌器、培养皿、容量瓶、刻度试管、离心管、比色皿、研钵、烘箱、冰箱、滤纸、微量移液器、离心机、恒温水浴锅。

3. 试剂

（1）甜菜碱标准品。

（2）雷氏盐饱和液　称取 3.0 g 雷氏盐（四硫氰基二氨合铬酸铵），加入 100 mL 蒸馏水，用磁力搅拌器搅拌溶解 45 min，过滤后用浓盐酸酸化至 pH 为 1.0（雷纳克酸季铵化合物在 pH 为 1.0 时，沉淀最完全），用于沉淀季铵化合物。

（3）浓盐酸。

（4）70% 丙酮。

（5）99% 乙醚洗液。

（6）300 g · L^{-1} 聚乙二醇溶液。

（7）80% 甲醇。

【实验步骤】

1. 胁迫处理

（1）高温胁迫　将盛有叶片的培养皿置于 50℃烘箱中处理 1 h。

（2）低温处理　将盛有叶片的培养皿置于 –20℃冰箱中处理 0.5 h。

（3）干旱胁迫　将叶片置于 300 g · L^{-1} 聚乙二醇溶液中处理 1 h，用蒸馏水冲洗，滤纸拭去表面水分。

对照组为常温下无处理材料。

2. 标准曲线的绘制

（1）称取 10.0 g 甜菜碱标准品，溶于蒸馏水中，转移至 100 mL 容量瓶中并定容，即甜菜碱标准溶液（100 mg · mL^{-1}），用于绘制标准曲线。

（2）甜菜碱浓度梯度溶液的配制：取 6 个 50 mL 容量瓶，分别加入甜菜碱标准溶液 0.5 mL、1.0 mL、2.0 mL、3.0 mL、4.0 mL、5.0 mL，加蒸馏水至刻度线，摇匀得到浓度分别为 1 mg · mL^{-1}、2 mg · mL^{-1}、4 mg · mL^{-1}、6 mg · mL^{-1}、8 mg · mL^{-1}、10 mg · mL^{-1} 的甜菜碱浓度梯度标准溶液。

（3）取 20 mL 刻度试管 6 支，编号 0 ~ 5，准确吸取 5 mL 甜菜碱浓度梯度标准溶液，10 mL 雷氏盐饱和液，放入冰箱中于 5 ℃下冷却 30 min，取出后离心 15 min（4 000 r · min^{-1}），弃去上清液，分别加入 99% 乙醚洗液 15 mL，混匀后离心 15 min，弃去上清液，待乙醚挥发干净后，用 70% 丙酮溶解沉淀，将溶液转移至 50 mL 容量瓶并定容，以丙酮溶液为对照，在 525 nm 下比色。

（4）标准曲线的绘制：先求出吸光度（y）与甜菜碱浓度（x）的回归方程，再按回归方程绘制标准曲线，计算每毫升测定液中甜菜碱的含量（mg · mL^{-1}）。

3. 甜菜碱的测定

（1）称取植物样品 0.5 g 置于研钵中，加入 5 mL 80% 甲醇，研磨至匀浆转移至离心管中，置于 60℃水浴 30 min，期间不断振荡。待冷却后 10 000 r · min^{-1} 离心 15 min 后收集上清液于试管中。

（2）以后步骤与甜菜碱浓度梯度标准溶液实验相同。

4. 甜菜碱含量的计算

甜菜碱含量依下式计算：

$$\text{甜菜碱含量} = \frac{C \times (V/V_1)}{m}$$

式中，C 为提取液中甜菜碱含量（mg），由标准曲线求得；V 为提取液总体积（mL）；V_1 为测定时所吸取的体积（mL）；m 为样品质量（g）。

【注意事项】

1. 使用浓盐酸应注意安全。

2. 雷氏盐饱和液现用现配。

【思考题】

1. 甜菜碱测定的其他方法有哪些？

2. 甜菜碱和脯氨酸都具有渗透调节作用，差异是什么？

【参考文献】

曹华雯，牛雅静，黄河，等 . 盐胁迫下甘菊叶片中 *BADH* 基因表达及甜菜碱含量的变化［J］. 生物技术通报，2010，6（29）：113-120.

实验 52　植物组织中丙二醛含量的测定

【实验目的】

了解逆境胁迫引起的丙二醛（MDA）积累对植物细胞的影响，掌握 MDA 测定的原理和方法。

【实验原理】

植物器官衰老或在逆境条件下受伤害，其组织或器官膜质发生过氧化反应而产生 MDA。MDA 含量与植物衰老及逆境伤害有密切关系，可以通过 MDA 含量分析膜质过氧化程度。硫代巴比妥酸（TBA）在酸性条件下加热可与组织中的 MDA 产生显色反应，生成红棕色的三甲川（3、5、5- 三甲基恶唑 -2、4- 二酮），三甲川在 532 nm 有最大吸收波长。但是测定植物组织中 MDA 时受多种物质的干扰，其中最主要的是可溶性糖，糖与 TBA 显色反应产物的最大吸收波长在 450 nm 处，在 532 nm 处也有吸收。植物遭受干旱、高温、低温等逆境胁迫时可溶性糖增加，因此测定植物组织中 MDA 与 TBA 反应产物含量时一定要排除可溶性糖的干扰。此外在 532 nm 波长下尚有非特异背景吸收的影响也要加以排除。低浓度的铁离子能显著增加 TBA 与蔗糖或 MDA 显色反应物在 532 nm、450 nm 处的吸光度，所以在蔗糖、MDA 与 TBA 显色反应中需要有一定的铁离子，通常植物组织中铁离子的含量为 100 ~ 300 μg · g^{-1}，根据植物样品量和提取液的体积，加入 Fe^{3+} 的终浓度为 0.5 nmol · L^{-1}。在 532 nm、600 nm 和 450 nm 波长下测定吸光度，即可计算出丙二醛含量。

【实验材料、仪器设备与试剂】

1. 实验材料

植物叶片。

2. 仪器设备

离心机、分光光度计、分析天平、恒温水浴锅、研钵、试管、移液管、烘箱、冰箱、滤纸、培养皿。

3. 试剂

（1）100 g · L^{-1} 三氯乙酸（TCA）溶液。

（2）300 g · L^{-1} 聚乙二醇溶液。

（3）6 g · L^{-1} 硫代巴比妥酸（TBA）溶液　称取 0.6 g TBA，用少量 1 mol · L^{-1} NaOH 溶液溶解，再用 100 g · L^{-1} TCA 溶液定容至 100 mL。

（4）石英砂。

【实验步骤】

1. 胁迫处理

（1）高温胁迫　将盛有叶片的培养皿置于 50℃烘箱中处理 1 h。

（2）低温处理　将盛有叶片的培养皿置于 –20℃冰箱中处理 0.5 h。

（3）干旱胁迫　将叶片置于 300 g · L^{-1} 聚乙二醇溶液中处理 1 h，用蒸馏水冲洗，滤纸拭去表面水分。

对照组为常温下无处理材料。

2. 丙二醛的提取

称取受高温、低温、干旱等逆境胁迫和常温下的植物叶片各 1.0 g，加入少量石英砂和 100 g · L^{-1} TCA 溶液 2 mL，研磨至匀浆，再加 8 mL 100 g · L^{-1} TCA 溶液进一步研磨，匀浆以 4 000 r · min^{-1} 离心 10 min，其上清液为丙二醛提取液。

3. 显色反应及测定

每个处理样取 4 支干净试管并编号，3 支为样品管（3 个重复），各加入丙二醛提取液 2 mL，对照管加蒸馏水 2 mL，然后各管再加入 2 mL 6 g · L^{-1} TBA 溶液。摇匀，混合液在沸水浴中反应 15 min，迅速冷却后再离心。取上清液分别在 532 nm、600 nm 和 450 nm 波长下测定吸光度。

4. MDA 含量计算

$$\text{MDA 浓度}（\mu mol \cdot L^{-1}）= 6.45（A_{532} - A_{600}）- 0.56 A_{450}$$

$$\text{MDA 含量（μmol·g}^{-1}\text{）= MDA 浓度（μmol·L}^{-1}\text{）} \times \frac{V}{m}$$

式中，A_{450}、A_{532}、A_{600} 分别代表 450 nm、532 nm、600 nm 波长下的吸光度；V 为提取液体积（mL）；m 为植物组织鲜重（mg）。

【注意事项】

1. MDA–TBA 显色反应的加热时间最好控制在 10 ~ 15 min。时间太长或太短均会引起 532 nm 下的吸光度偏低。

2. 如发现检测液浑浊，可适当提高转速或离心时间，最好使用低温离心机离心。

【思考题】

1. 为什么测定 600 nm 处的吸光度?

2. 为什么增加 Fe^{3+} 能够增强显色反应?

【参考文献】

陈刚，李胜 . 植物生理学实验［M］. 北京：高等教育出版社，2016.

实验 53 超氧化物歧化酶活性的测定

【实验目的】

了解超氧化物歧化酶（SOD）清除活性氧（ROS）的机制，掌握 SOD 活性的测定原理和方法。

【实验原理】

超氧化物歧化酶（SOD）是一类广泛分布于植物组织细胞内的金属酶，用于催化超氧阴离子自由基（O_2^{-}）发生歧化反应，它对平衡机体氧化与抗氧化系统、免除自由基损伤起着重要的作用。氮蓝四唑（NBT）在蛋氨酸和核黄素存在条件下，光照后发生光化还原反应而生成蓝色甲臜，蓝色甲臜在 560 nm 处有最大光吸收。SOD 能抑制 NBT 的光化还原，其抑制强度与酶活性在一定范围内成正比。

【实验材料、仪器设备与试剂】

1. 实验材料

植物叶片。

2. 仪器设备

研钵、低温离心机、紫外分光光度计、分析天平、试管、移液管、滤纸、离心管、培养皿、冰箱、烘箱。

3. 试剂

（1）50 mmol · L^{-1} pH 7.8 的磷酸盐（PBS）缓冲液。

（2）300 g · L^{-1} 聚乙二醇溶液。

（3）酶提取液　50 mmol · L^{-1} pH 7.8 磷酸盐缓冲液（内含 10 g · L^{-1} 聚乙烯吡咯烷酮溶液）。

（4）130 mmol · L^{-1} 甲硫氨酸（Met）溶液　称取 1.399 g Met，用 50 mmol · L^{-1} pH 7.8 的磷酸缓冲液溶解并定容至 100 mL。

（5）750 μmol · L^{-1} NBT 溶液　称取 61.33 mg NBT，用磷酸盐缓冲液溶解并定容至

100 mL，避光保存。

（6）20 μmol · L^{-1} 核黄素溶液　称取 75.3 mg 的核黄素，用磷酸盐缓冲液溶解，并定容至 100 mL，避光保存，现用现配，并稀释 100 倍。

（7）100 μmol · L^{-1} EDTA–2Na 溶液　称取 37.2 mg EDTA–2Na，50 mmol · L^{-1} pH 7.8 的 PBS 定容至 100 mL，并稀释 10 倍。

【实验步骤】

1. 胁迫处理

（1）高温胁迫　将盛有叶片的培养皿置于 50℃烘箱中处理 1 h。

（2）低温处理　将盛有叶片的培养皿置于 –20℃冰箱中处理 0.5 h。

（3）干旱胁迫　将叶片置于 300 g · L^{-1} 聚乙二醇溶液中处理 1 h，用蒸馏水冲洗，滤纸拭去表面水分。

对照组为常温下无处理材料。

2. 酶液制备

称取植物组织 0.5 g，先加入 2.5 mL PBS 缓冲液，研磨匀浆后，再加入 2.5 mL PBS 混匀，4℃下 10 000 r · min^{-1} 离心 15 min，上清液即为粗酶液。取部分上清液经适当稀释后用于酶活性测定。

3. 酶活性测定

取 10 mL 试管 7 只，3 只测定样品，4 只作为对照，按表 53–1 加入试剂。

表 53–1　酶活性测定反应体系

试剂	用量 /mL	终浓度（比色时）
50 mmol · L^{-1} PBS 缓冲液	1.5	
130 mmol · L^{-1} Met 溶液	0.3	13.0 mmol · L^{-1}
750 μmol · L^{-1} NBT 溶液	0.3	75.0 μmol · L^{-1}
100 μmol · L^{-1} EDTA–2Na 溶液	0.3	10 μmol · L^{-1}
20 μmol · L^{-1} 核黄素溶液	0.3	2.0 μmol · L^{-1}
酶液	0.1	对照以 PBS 缓冲液代替酶液
蒸馏水	0.5	
总体积	3.3	

将上述试剂混匀后，1 只对照试管置于暗处，另 3 只对照试管和样品一起置于 4 000 Lx 日光灯下反应 20 min（要求各管受光一致，温度高时时间缩短，温度低时可适当延长）。最后在 560 nm 处测定反应液的光密度。以不照光的试管作对照，分别测定其他各管的光密度。

4. 酶活性计算

SOD 活性单位是以抑制 NBT 光化还原的 50% 为一个酶活性单位表示。可按下式计算：

$$\text{SOD 活性} = \frac{(A_{CK} - A_E) \times V}{A_{CK} \times m \times V_S \times 0.5}$$

式中，A_{CK} 为对照光管的吸光度；A_E 为样品管的吸光度；V 为样品液的总体积（mL）；V_S

为测定时酶液体积（mL）；m 为样品鲜重（g）。

【注意事项】

1. 材料应充分研磨。

2. 光照时间和强度要严格控制。

【思考题】

1. 为什么设置照光和遮光两个处理？

2. 聚乙烯吡咯烷酮的作用是什么？

【参考文献】

1. 陈刚，李胜. 植物生理学实验［M］. 北京：高等教育出版社，2016.

2. 邹琦. 植物生理学实验指导［M］. 北京：中国农业出版社，2000.

实验 54 植物组织中 H_2O_2 含量及过氧化氢酶活性的测定

54-1 H_2O_2 含量测定

【实验目的】

了解 H_2O_2 与植物抗逆性的关系，掌握 H_2O_2 的测定原理和方法。

【实验原理】

H_2O_2 与硫酸钛（或氯化钛）生成过氧化物－钛复合物橘黄色沉淀，可被 H_2SO_4 溶解后，在 415 nm 波长下比色测定。在一定范围内，其颜色深浅与 H_2O_2 浓度呈线性关系。

【实验材料、仪器设备与试剂】

1. 实验材料

植物叶片。

2. 仪器设备

研钵、移液管、容量瓶、离心管、离心机、分光光度计、培养皿、烘箱、冰箱、滤纸。

3. 试剂

（1）100 μmol · L^{-1} H_2O_2 丙酮试剂　取 300 g · L^{-1} H_2O_2 溶液（分析纯）57 μL，溶于 100 mL 丙酮，再稀释 100 倍。

（2）2 mol · L^{-1} 硫酸溶液。

（3）300 g · L^{-1} 聚乙二醇溶液。

（4）50 g · L^{-1} 硫酸钛溶液。

（5）丙酮。

（6）浓氨水。

（7）石英砂。

【实验步骤】

1. 胁迫处理

（1）高温胁迫　将盛有叶片的培养皿置于 50℃烘箱中处理 1 h。

（2）低温处理　将盛有叶片的培养皿置于 −20℃冰箱中处理 0.5 h。

（3）干旱胁迫　将叶片置于 300 g · L^{-1} 聚乙二醇溶液中处理 1 h，用蒸馏水冲洗，滤纸拭去表面水分。

对照组为常温下无处理材料。

2. 制作标准曲线

取 10 mL 离心管 7 支，顺序编号，并按表 54-1 加入试剂。

表 54-1　H_2O_2 标准溶液配制表

试剂 /mL	离心管号						
	1	2	3	4	5	6	7
100 μmol · L^{-1} H_2O_2 丙酮试剂	0	0.1	0.2	0.4	0.6	0.8	1.0
4℃下预冷丙酮	1.0	0.9	0.8	0.6	0.4	0.2	0.0
50 g · L^{-1} 硫酸钛溶液	0.1	0.1	0.1	0.1	0.1	0.1	0.1
浓氨水	0.2	0.2	0.2	0.2	0.2	0.2	0.2
	3 000 r · min^{-1} 离心 10 min，弃去上清液，留沉淀						
2 mol · L^{-1} 硫酸溶液	5.0	5.0	5.0	5.0	5.0	5.0	5.0

待沉淀完全溶解后，将其小心转入 10 mL 容量瓶中，并用蒸馏水多次冲洗离心管，将洗涤液合并后定容至 10 mL，415 nm 波长下比色。

3. 样品提取和测定

（1）称取新鲜植物组织 2 ~ 5 g（视 H_2O_2 含量多少而定），按材料与提取剂 1 : 1（g : mL）的比例加入 4℃下预冷的丙酮和少许石英砂研磨成匀浆后，转至离心管 3 000 r · min^{-1} 下离心 10 min，弃去残渣，上清液即为样品提取液。

（2）用移液管吸取样品提取液 1 mL，加入 50 g · L^{-1} 硫酸钛溶液和浓氨水，待沉淀形成后 3 000 r · min^{-1} 离心 10 min，弃去上清液。沉淀用丙酮反复洗涤 3 ~ 5 次，直至去除植物色素。

（3）向洗涤后的沉淀中加入 2 mol · L^{-1} 硫酸溶液 5 mL，待完全溶解后，用与标准曲线同样的方法定容并比色。

4. 计算

$$H_2O_2\text{ 含量} = \frac{C \times V}{m \times V_t}$$

式中，C 为标准曲线上查得样品中 H_2O_2 含量（μmol）；V 为样品提取液总体积（mL）；V_t 为测定时用样品提取液体积（mL）；m 为植物组织鲜重（g）。

54-2　过氧化氢酶活性测定——高锰酸钾滴定法

【实验目的】

了解过氧化氢酶与植物抗逆性的关系，掌握过氧化氢酶的测定原理和方法。

【实验原理】

过氧化氢酶（CAT）是以铁卟啉为辅基的结合酶。它可促使 H_2O_2 分解为分子氧和水，

清除体内的 H_2O_2，从而使细胞免于遭受 H_2O_2 的伤害。CAT 作用于 H_2O_2 的机制实质是 H_2O_2 的歧化，必须有两个 H_2O_2 先后与 CAT 相遇且碰撞于活性中心，才能发生反应。H_2O_2 浓度越高，分解速率越快。

据此，可根据 H_2O_2 的消耗量或 O_2 的生成量测定该酶活性大小。在反应系统中加入一定量（反应过量）的 H_2O_2 溶液，经酶促反应后，用标准高锰酸钾溶液（在酸性条件下）滴定多余的 H_2O_2。

$$5H_2O_2 + 2KMnO_4 + 4H_2SO_4 \longrightarrow 5O_2 + 2KHSO_4 + 8H_2O + 2MnSO_4$$

即可求出消耗的 H_2O_2 量。

【实验材料、仪器设备与试剂】

1. 实验材料

植物叶片。

2. 仪器设备

研钵、试管、酸式滴定管、恒温水浴锅、容量瓶、低温离心机、离心管、移液管、烘箱、冰箱、滤纸、培养皿。

3. 试剂

（1）100 g · L^{-1} H_2SO_4 溶液。

（2）300 g · L^{-1} 聚乙二醇溶液。

（3）0.2 mol · L^{-1} 磷酸盐缓冲液（pH 7.8）。

（4）0.1 mol · L^{-1} $KMnO_4$ 标准溶液　称取 $KMnO_4$ 3.160 5 g，用新煮沸冷却蒸馏水配制成 1 000 mL 溶液，用 0.1 mol · L^{-1} 草酸溶液标定。

（5）0.1 mol · L^{-1} H_2O_2 溶液　取 300 g · L^{-1} H_2O_2 溶液 5.68 mL，稀释至 1 000 mL，用 0.1 mol · L^{-1} $KMnO_4$ 标准溶液（在酸性条件下）进行标定。

（6）0.1 mol · L^{-1} 草酸溶液　称取优级纯 $H_2C_2O_4 \cdot 2H_2O$ 12.607 g，用蒸馏水溶解后，定容至 1 L。

【实验步骤】

1. 胁迫处理

（1）高温胁迫　将盛有叶片的培养皿置于 50℃烘箱中处理 1 h。

（2）低温处理　将盛有叶片的培养皿置于 –20℃冰箱中处理 0.5 h。

（3）干旱胁迫　将叶片置于 300 g · L^{-1} 聚乙二醇溶液中处理 1 h，用蒸馏水冲洗，滤纸拭去表面水分。

对照组为常温下无处理材料。

2. 过氧化氢酶液制备

称取叶片 2.5 g，加入 pH 7.8 的磷酸盐缓冲液少量，研磨成匀浆，转移至 25 mL 容量瓶中，用该缓冲液冲洗研钵，并将冲洗液转入容量瓶中，用同一缓冲液定容，4 000 r · min^{-1} 离心 15 min，上清液即为 CAT 粗提液。

3. 过氧化氢酶活性测定

（1）取试管 4 支（两支测定管，两支对照管），测定管中加入酶液 2.5 mL，对照管中加失活酶液（将提取粗酶液置于沸水浴中加热 5 min）2.5 mL，再加入 2.5 mL 0.1 mol · L^{-1} H_2O_2 溶液，同时计时，于 30℃恒温水浴中保温 10 min，立即加入 100 g · L^{-1} H_2SO_4 溶液 2.5 mL。

（2）用 0.1 mol · L^{-1} $KMnO_4$ 标准溶液滴定 H_2O_2，至出现粉红色（在 30 min 内不消失）为终点。

4. 计算

酶活性用每克鲜重样品 1 min 内分解 H_2O_2 的毫克数表示：

$$酶活性=\frac{(V_A-V_B)\times V\times 1.7}{m\times V_t\times t}$$

式中，V_A 为对照 $KMnO_4$ 滴定毫升数（mL）；V_B 为酶反应后 $KMnO_4$ 滴定毫升数（mL）；1.7 为 1 mL 0.1 mol · L^{-1} 的 $KMnO_4$ 相当于 1.7 mg H_2O_2；m 为样品鲜重（g）；V 为酶液总量（mL）；V_t 为反应所用酶液量（mL）；t 为时间（min）。

54-3 过氧化氢酶活性测定——分光光度法

【实验目的】

了解 CAT 与植物抗逆性的关系，掌握 CAT 的测定原理和方法。

【实验原理】

H_2O_2 在 240 nm 波长下有最大吸光度，CAT 能分解 H_2O_2，使反应溶液吸光度（A_{240}）随反应时间而降低。根据测量吸光度的变化速率即可测出 CAT 的活性。

【实验材料、仪器设备与试剂】

1. 实验材料

植物叶片。

2. 仪器设备

紫外分光光度计、离心机、研钵、容量瓶、移液管、试管、恒温水浴锅、烘箱、冰箱、培养皿、滤纸、电子天平、比色杯。

3. 试剂

（1）0.2 mol · L^{-1} pH 7.8 磷酸盐缓冲液（内含 100 g · L^{-1} 聚乙烯吡咯烷酮溶液）。

（2）0.1 mol · L^{-1} H_2O_2 溶液（用 0.1 mol · L^{-1} 高锰酸钾标准溶液标定）。

（3）300 g · L^{-1} 聚乙二醇溶液。

（4）石英砂。

【实验步骤】

1. 胁迫处理

（1）高温胁迫　将盛有叶片的培养皿置于 50℃烘箱中处理 1 h。

（2）低温处理　将盛有叶片的培养皿置于 –20℃冰箱中处理 0.5 h。

（3）干旱胁迫　将叶片置于 300 g · L^{-1} 聚乙二醇溶液中处理 1 h，用蒸馏水冲洗，滤纸拭去表面水分。

对照组为常温下无处理材料。

2. 酶液制备

称取新鲜小麦叶片或其他植物组织 0.5 g 置于研钵中，加入 2 ~ 3 mL 4℃下预冷的 pH 7.8 磷酸盐缓冲液和少量石英砂，研磨成匀浆后，转入 25 mL 容量瓶中，并用磷酸盐缓冲液冲洗研钵数次，合并冲洗液，并定容到刻度。混合均匀后将容量瓶置于 5℃冰箱中静置 10 min，取上部澄清液在 4 000 r · min^{-1} 下离心 15 min，上清液即为 CAT 粗提液。5℃下保存备用。

3. 酶活性测定

测定每个样品时，取 10 mL 试管 3 支，其中 2 支为样品测定管，1 支为空白管，按表 54–2 顺序加入试剂。25℃预热后，逐管加入 0.3 mL 0.1 mol · L^{-1} H_2O_2 溶液，每加完一管立即计时，并迅速倒入比色杯中，240 nm 下测定吸光度，每隔 1 min 读数 1 次，共测 4 次，待 3 支管全部测定完后，按下式计算酶活性。

表 54–2　H_2O_2 酶活性测定反应体系

试剂 /mL	1	2	3
粗酶液	0.2（煮沸）	0.2	0.2
pH 7.8 磷酸盐缓冲液	1.5	1.5	1.5
蒸馏水	1.0	1.0	1.0

4. 计算

以 1 min 内 A_{240} 减少 0.1 的酶量为 1 个酶活单位（U）。

$$酶活性 = \frac{\triangle A_{240} \times V}{0.1 \times V_t \times t \times m}$$

$$\triangle A_{240} = A_{S_0} - \frac{A_{S_1} + A_{S_2}}{2}$$

式中，A_{S_0} 为加入煮死酶液的对照管吸光度；A_{S_1}，A_{S_2} 为样品管吸光度；V 为粗酶提取液总体积（mL）；V_t 为测定用粗酶液体积（mL）；m 为样品鲜重（g）；0.1 表示 A_{240} 每下降 0.1 为 1 个酶活单位（U）；t 为加 H_2O_2 到最后一次读数时间（min）。

【注意事项】

1. 高锰酸钾溶液和 H_2O_2 溶液使用前须重新标定。
2. 研钵和丙酮须预冷。

【思考题】

1. H_2O_2 的生理作用是什么？影响其含量的因素有哪些？
2. 影响 CAT 活性测定的因素有哪些？
3. CAT 与哪些生物化学过程有关？

【参考文献】

1. 陈刚，李胜 . 植物生理学实验［M］. 北京：高等教育出版社，2016.
2. 郝建军，康宗利，于洋 . 植物生理实验技术［M］. 北京：化学工业出版社，2002.
3. 邹琦 . 植物生理学实验指导［M］. 北京：中国农业出版社，2000.

实验 55　植物组织中过氧化物酶活性的测定

【实验目的】

了解逆境胁迫下过氧化物酶的作用机制，掌握过氧化物酶活性的测定原理和方法。

【实验原理】

过氧化物酶（POD）作为一种抗氧化酶，可以清除逆境胁迫下植物细胞内生成的过氧化氢（H_2O_2），降低 H_2O_2 积累引起的细胞损伤。在 H_2O_2 存在时，POD 能催化多酚类芳香族物质氧化形成各种产物，如作用于愈创木酚（邻甲氧基苯酚）生成四邻甲氧基苯酚（棕红色产物，聚合物），该产物在 470 nm 处有特征吸收峰，且在一定范围内其颜色的深浅与产物的浓度成正比，因此可通过分光光度法间接测定 POD 活性。

【实验材料、仪器设备与试剂】

1. 实验材料

植物叶片。

2. 仪器设备

研钵、低温离心机、分光光度计、分析天平、移液管（5 mL）、离心管、烧杯、容量瓶、培养皿、滤纸、烘箱、冰箱、比色杯。

3. 试剂

（1）0.1 mol · L^{-1} 磷酸盐缓冲液（pH 6.0）。

（2）反应液　吸取 0.1 mol · L^{-1} 磷酸盐缓冲液（pH 6.0）50 mL 于 100 mL 烧杯中，加入愈创木酚 28 μg，加热搅拌均匀，待溶液冷却后，加入 300 g · L^{-1} H_2O_2 溶液 19 μL，混匀后保存于 4℃冰箱中。

（3）300 g · L^{-1} 聚乙二醇溶液。

【实验步骤】

1. 胁迫处理

（1）高温胁迫　将盛有叶片的培养皿置于 50℃烘箱中处理 1 h。

（2）低温处理　将盛有叶片的培养皿置于 −20℃冰箱中处理 0.5 h。

（3）干旱胁迫　将叶片置于 300 g · L^{-1} 聚乙二醇溶液中处理 1 h，用蒸馏水冲洗，滤纸拭去表面水分。

对照组为常温下无处理材料。

2. 酶液制备

称取植物材料 1.0 g，放入研钵中，加入适量液氮研磨成粉末，加适量的磷酸盐缓冲液于研钵中研磨成匀浆，以 4 000 r · min^{-1} 离心 15 min，上清液转入 100 mL 容量瓶中，残渣再用 5 mL 磷酸盐缓冲液提取一次，上清液并入容量瓶中，定容至刻度线，贮于 4℃备用。

3. 酶活性测定

取比色杯 2 只，于 1 只中加入反应液 3 mL 和磷酸盐缓冲液 1 mL（或加热煮沸 5 min 的酶液），作为对照，另 1 只中加入反应液 3 mL，上述酶液 1 mL（如酶活性过高可稀释），立即开启秒表计时，使用分光光度计每隔 30 s 测量一次 470 nm 处吸光度，连续读数 3 次。

4. 酶活性计算

$$\text{POD 活性} = \frac{\Delta A_{470} \times V_t}{m \times V_s \times 0.01 \times t}$$

式中，ΔA_{470} 为反应时间内吸光度的变化；m 为植物鲜重（g）；t 为反应时间（min）；V_t 为提取酶液总体积（mL）；V_s 为测定时酶液总体积（mL）。

【注意事项】

1. 提取的酶液低温下保存。

2. 提取酶液后尽快完成测定。

【思考题】

1. 简述 POD 的生理作用。

2. 除了愈创木酚法，测定 POD 活性的方法还有哪些？

【参考文献】

1. 陈刚，李胜 . 植物生理学实验［M］. 北京：高等教育出版社，2016.

2. 郝建军，康宗利，于洋 . 植物生理实验技术［M］. 北京：化学工业出版社，2002.

实验 56　抗坏血酸过氧化物酶活性的测定

【实验目的】

了解逆境胁迫下抗坏血酸过氧化物酶（APX）的生理作用，掌握分光光度法测定 APX 的测定原理和方法。

【实验原理】

抗坏血酸过氧化物酶（APX）催化抗坏血酸（AsA）与 H_2O_2 反应，使 AsA 氧化成单脱氢抗坏血酸（MDAsA）。随着 AsA 被氧化，溶液中 290 nm 波长下的吸光度（A_{290}）下降，根据单位时间内吸光度减少量，计算 APX 活性。AsA 氧化量按消光系数 2.8（$mmol \cdot L^{-1} \cdot cm^{-1}$）计算，酶活性可用每克鲜重每小时氧化 AsA 的微摩尔数（$\mu mol \cdot g^{-1} \cdot h^{-1}$）表示。

【实验材料、仪器设备与试剂】

1. 实验材料

植物叶片。

2. 仪器设备

分光光度计、离心机、研钵、试管、离心管、比色杯、烘箱、冰箱、滤纸、培养皿、纱布。

3. 试剂

（1）50 $mmol \cdot L^{-1}$ K_2HPO_4–KH_2PO_4 缓冲液（pH 7.0，内含 0.1 $mmol \cdot L^{-1}$ EDTA–2Na 溶液）。

（2）15 $mmol \cdot L^{-1}$ AsA 溶液。

（3）0.3 $mmol \cdot L^{-1}$ H_2O_2 溶液。

（4）300 $g \cdot L^{-1}$ 聚乙二醇溶液。

【实验步骤】

1. 胁迫处理

（1）高温胁迫　将盛有叶片的培养皿置于 50℃烘箱中处理 1 h。

（2）低温处理　将盛有叶片的培养皿置于 –20℃冰箱中处理 0.5 h。

（3）干旱胁迫　将叶片置于 300 $g \cdot L^{-1}$ 聚乙二醇溶液中处理 1 h，用蒸馏水冲洗，滤纸拭去表面水分。

对照组为常温下无处理材料。

2. 酶液制备

称取 1.0 g 植物叶片，按 1∶3（g∶mL）加入预冷的 50 mmol · L^{-1} K_2HPO_4–KH_2PO_4 缓冲液进行研磨提取，用两层纱布过滤，滤液在 10 000 r · min^{-1} 下离心 10 min，上清液为粗酶液，供测定。

3. 酶活性测定

3 mL 反应混合液中含 50 mmol · L^{-1} K_2HPO_4–KH_2PO_4 缓冲液 1.8 mL、15 mmol · L^{-1} AsA 溶液 0.1 mL、0.3 mmol · L^{-1} H_2O_2 溶液 1 mL 和酶液 0.1 mL，加入 H_2O_2 后立即在 20℃下测定 10 ~ 30 s 的 A_{290} 变化，计算单位时间内 AsA 减少量及酶活性。

4. 酶活性计算

$$\text{APX 活性} = \frac{\Delta A_{290} \times V}{2.8 \times m \times V_t \times t}$$

式中，ΔA_{290} 为反应时间内吸光度的变化；m 为植物鲜重（g）；V 为提取酶液总体积（mL）；V_t 为测定时酶液总体积（mL）；t 为反应时间（min）。

【注意事项】

1. 酶液浓度过高时须进行稀释。

2. 准确记录实验结果。

【思考题】

1. 植物体内的抗坏血酸对测定结果有什么影响？

2. 植物体内 APX 的生理作用是什么？

【参考文献】

1. 中国科学院上海植物生理研究所，上海市植物生理学会 . 现代植物生理学实验指南［M］. 北京：科学出版社，1999.

2. 陈刚，李胜 . 植物生理学实验［M］. 北京：高等教育出版社，2016.

实验 57　苯丙氨酸解氨酶活性的测定

【实验目的】

了解苯丙氨酸解氨酶（PAL）的生理作用，掌握 PAL 的测定原理和方法。

【实验原理】

苯丙氨酸解氨酶（PAL）催化苯丙氨酸的脱氨反应，使 NH_3 释放出来形成反式肉桂酸。根据反式肉桂酸在 290 nm 处吸光度的变化可以测定 PAL 的活性。

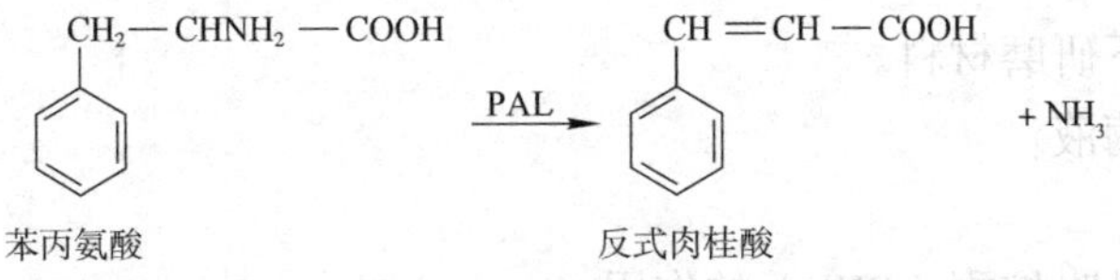

【实验材料、仪器设备与试剂】

1. 实验材料

植物叶片。

2. 仪器设备

分光光度计、离心机、离心管、研钵、吸滤瓶、恒温水浴锅、培养皿、试管、烘箱、冰箱、滤纸。

3. 试剂

（1）0.1 mol · L^{-1} 硼酸缓冲液（pH 8.8，含 5 mmol · L^{-1} β- 巯基乙醇溶液）。

（2）0.02 mol · L^{-1} 苯丙氨酸溶液（用 0.1 mol · L^{-1} pH 8.8 硼酸缓冲液配制）。

（3）聚乙烯吡咯烷酮（PVP）。

（4）300 g · L^{-1} 聚乙二醇溶液。

（5）石英砂。

【实验步骤】

1. 胁迫处理

（1）高温胁迫　将盛有叶片的培养皿置于 50℃烘箱中处理 1 h。

（2）低温处理　将盛有叶片的培养皿置于 –20℃冰箱中处理 0.5 h。

（3）干旱胁迫　将叶片置于 300 g · L^{-1} 聚乙二醇溶液中处理 1 h，用蒸馏水冲洗，滤纸拭去表面水分。

对照组为常温下无处理材料。

2. 酶液制备

称取植物材料 5.0 g 置于研钵，并加 10 mL 含 5 mmol · L^{-1} 巯基乙醇的硼酸缓冲液、0.5 g 聚乙烯吡咯烷酮（PVP）和少量石英砂，研磨至匀浆并吸滤瓶抽气过滤，滤液 10 000 r · min^{-1} 离心 15 min，上清液为酶粗提液。上述操作均于 0 ~ 4℃下进行。

3. 酶活性测定

吸取 1 mL 酶液于试管中，加入 1 mL 0.02 mol · L^{-1} 苯丙氨酸溶液，2 mL 蒸馏水，总体积为 4 mL。对照不加底物，以 1 mL 含 5 mmol · L^{-1} 巯基乙醇的硼酸缓冲液替代；置于 30℃恒温水浴锅中保温，0.5 h 后用分光光度计在 290 nm 处测定吸光度。以每小时在 290 nm 处吸光度变化 0.01 所需要的酶量为一个酶活性单位（相当每毫升反应混合液形成 1 μg 肉桂酸）。

4. 酶活性计算

$$\text{PAL 活性} = \frac{\triangle A_{290} \times V}{m \times V_t}$$

式中，$\triangle A_{290}$ 为 1 h 内吸光度的变化；m 为植物鲜重（g）；V 为提取酶液总体积（mL）；V_t 为测定时酶液总体积（mL）。

也可用 U · g^{-1} 蛋白质表示酶活性，用考马斯亮蓝法测定蛋白质含量。

【注意事项】

1. 在冰浴条件下研磨材料。

2. 低温下保存酶液。

【思考题】

1. 简述聚乙烯吡咯烷酮（PVP）的作用。

2. 简述植物体内 PAL 的生理作用。

【参考文献】

1. 陈刚，李胜 . 植物生理学实验［M］. 北京：高等教育出版社，2016.

2. 李小方，张志良．植物生理学实验指导［M］．5 版．北京：高等教育出版社，2016.

实验 58　植物叶片中多酚氧化酶（PPO）活性的测定

【实验目的】

了解植物体多酚氧化酶（PPO）引起果实褐变的原因，掌握 PPO 的测定原理和方法。

【实验原理】

多酚氧化酶（PPO）是一种以铜为辅基的酶，能催化多种简单酚类物质氧化形成醌类化合物，醌类化合物进一步聚合形成呈褐色、棕色或黑色的聚合物。在后熟衰老过程或在采后的贮藏加工过程中，果蔬出现的组织褐变与组织中的 PPO 活性密切相关。PPO 催化邻苯二酚氧化形成的产物在 420 nm 处有最大吸收值。因此，可利用比色法测定 PPO 的活性。

【实验材料、仪器设备与试剂】

1. 实验材料

苹果、马铃薯等。

2. 仪器设备

研钵、高速冷冻离心机、分光光度计、计时器、微量移液器、离心管、试管、容量瓶、分析天平、比色杯。

3. 试剂

（1）0.1 mol · L^{-1} 乙酸 – 乙酸钠缓冲液（pH 5.5）　母液 A（200 mmol · L^{-1} 乙酸溶液），量取 11.55 mL 无水乙酸，加蒸馏水稀释至 1 000 mL；母液 B（200 mmol · L^{-1} 乙酸钠溶液），称取 16.4 g 无水乙酸钠（或称取 27.2 g 三水合乙酸钠），用蒸馏水溶解，定容至 1 000 mL。取 68 mL 母液 A 和 432 mL 母液 B 混合后，调节 pH 至 5.5，加蒸馏水稀释至 1 000 mL。

（2）提取缓冲液　称取 340 mg PEG 6 000（聚乙二醇 6 000）、4 g 聚乙烯吡咯烷酮（PVP），1 mL Triton X–100，用 0.1 mol · L^{-1} pH 5.5 乙酸 – 乙酸钠缓冲液溶解并稀释至 100 mL。

（3）50 mmol · L^{-1} 邻苯二酚溶液　称取 275.0 mg 邻苯二酚，用 0.1 mol · L^{-1} pH 5.5 乙酸 – 乙酸钠缓冲液溶解并定容至 50 mL。

【实验步骤】

（1）粗酶液的制备　称取植物材料 5 g，置于研钵中，加入 5 mL 提取缓冲液，在冰浴条件下研磨成匀浆，于 4℃ 12 000 r · min^{-1} 离心 30 min，上清液即为酶提取液，低温（4℃）保存备用。

（2）酶活性测定　取一支试管，加入 4.0 mL 50 mmol · L^{-1} pH 5.5 的乙酸 – 乙酸钠缓冲液和 50 mmol · L^{-1} 邻苯二酚溶液 1.0 mL，最后加入 100 μL 酶提取液，立即开始计时。将反应混合液倒入比色杯中，置于分光光度计样品室中。以蒸馏水为对照，在反应 15 s 时开始记录反应体系在波长 420 nm 处吸光度，作为初始值，然后每隔 1 min 记录一次，连续测定，至少获取 6 个点的数据。重复 3 次。

（3）酶活性计算　记录反应体系在 420 nm 处的吸光度，计算每分钟吸光度变化

$\triangle A_{420}$。

$$\triangle A_{420}=\frac{A_{420F}-A_{420I}}{t_F-t_I}$$

式中，A_{420F} 为终止吸光度；A_{420I} 为起始吸光度；$\triangle A_{420}$ 为每分钟吸光度变化；t_F 为反应终止时间（min）；t_I 为反应起始时间（min）。

以每克果蔬样品（鲜重）每分钟吸光度变化增加 1 为 1 个酶活性单位（$\triangle A_{420}\cdot min^{-1}\cdot g^{-1}$）。计算公式：

$$U=\frac{\triangle A_{420}\times V}{V_S\times m}$$

式中，V 为样品提取液总体积（mL）；V_S 为测定时所取样品提取液体积（mL）；m 为样品质量（g）。

PPO 活性还可以每分钟反应体系在波长 420 nm 处吸光度变化增加 1 时所需要的酶量为 1 个酶活性单位（$\triangle A_{420}\cdot min^{-1}\cdot g^{-1}$）。酶提取液中蛋白质含量可利用考马斯亮蓝染色法进行测定。

【注意事项】

应进行预实验测定每分钟反应体系的吸光度变化，确定该酶促反应速率呈线性变化（初级反应）的时间段。这样，只测定某一段时间内反应溶液的起始吸光度和终止吸光度，即可以计算每分钟吸光度变化的增加量。

【思考题】

随着反应时间的延长，PPO 活性将呈现什么样的变化？

【参考文献】

曹建康，姜微波，赵玉梅 . 果蔬采后生理生化实验指导［M］. 北京：中国轻工业出版社，2007.

附录

附录 1　植物材料的采集、处理和保存

植物材料的采集、处理和保存是进行植物生理学研究的重要环节之一。实验使用的材料根据来源可划分为天然的植物材料（如植物根、茎、叶、花等器官或组织）和人工培养的植物材料（如杂交种、诱导突变种、植物组织培养细胞、愈伤组织等）两大类；按其水分状况和生理状态，可划分为新鲜植物材料（新鲜的刚离体的植物根、茎、叶、芽、花和果实等）和干材料（烘干的植物器官组织和干酵母等）两大类。根据实验目的和内容，对实验材料加以选择。

一、植物材料的采集

植物生理实验测定结果和结论的可靠性（或准确性），在很大程度上取决于材料的选用是否具有广泛的代表性。如果采样方法不科学，样品不具有广泛代表性，即使结果的分析准确无误，也不可能得出正确的结论。因此，实验材料的采集除必须遵循实验抽样技术的一般原则外，还要根据不同实验的具体内容，正确采集所需试材。为了保证植物材料的代表性，必须运用科学方法采取材料。从试验田和实验器皿中采取的植物材料，称为原始样品；再按原始样品的种类（如植物的根、茎、叶、花、果实、种子等），分别选出平均样品，然后根据分析的目的、要求和样品种类的特征，采用适当的方法，从平均样品中选出供分析用的分析样品。

1. 原始样品的取样法

（1）随机取样　在试验区（或大田）中随机选择有代表性的取样点，取样点的数目视田块的大小而定。选好点后，随机采取一定数量的样株。

（2）对角线取样　在试验区（或大田）可按对角线选定有代表性的取样点，同样，取样点的数目视田块的大小而定。然后在每个点上随机取一定数量的样株，或在每个取样点上按规定的面积从中采取样株。

2. 平均样品的取样法

（1）混合取样法　通常实验材料若为颗粒状（如种子等）或为碾磨成粉末状的样品，则可采取混合取样法进行取样。具体的方法为：将供试材料平铺在木板（或玻璃板、牛皮纸）上，按照对角线划分为 4 等份。取对角的两份为进一步取样的材料，而将其余的对角两份淘汰，再将已取中的两份样品充分混合后，重复上述方法，反复操作，每次均淘汰 50% 的样品，直至所取样品达到所要求的数量为止。这种取样的方法称为四分法。

一般禾谷类、豆类及油料作物种子均可采用这种方法采取平均样品，但注意样品中避免混有其他混杂物。

（2）按比例取样法　有些作物或果品等材料，在生长不均等的情况下，应将原始样品按不同类型的比例选取平均样品。例如，对甜菜和马铃薯等块根、块茎材料，选取平均样品时，应按大、中、小不同类型的样品比例取样，然后再将每一单个样品纵切剖开，每个切取 1/4、1/8 或 1/16，混在一起组成平均样品。

若供试材料为果实，如苹果和柑橘等果实，应考虑果枝在树冠上的不同方位和部位，以及果实体积的大、中、小和成熟度上的差异，按相关的比例取样，再混合成平均样品。

（3）按生育期取样法　研究中经常要观察、分析在不同生育期的动态变化，因此需要按不同生育期取样。在幼苗期取样，因植株较小，采取的株数就比较多。随着植株逐渐长大，每次采取植株数也会相应减少。尽管作物有所不同，但总的原则是所取样品的干重应当大于分析用量的 2 倍以上，而且绝不能采单株作为样品。在各个生育期取样时，都应事先调查植株的生育状况，并将样本区分为若干类型，计算各种类型植物植株所占的比例，再依此采取相应的样株作为平均样品。

3. 取样注意事项

（1）取样的地点，一般在距田埂或地边一定距离的株行取样，或在特定的取样区取样。取样点的四周不应有缺株的现象。

（2）注意取样的生理状况（生育期、成熟度、病否）和材料在植株上的空间分布。

（3）取样后，按分析的目的分成各部分（如根、茎、叶、果等），然后捆齐，并附上标签，装入纸袋或密封袋。有些多汁果实取样时，应用锋利的不锈钢刀剖切，并注意勿使果汁流失。

（4）对于多汁的瓜、果、蔬菜及幼嫩器官等样品，因含水分较多，容易变质或腐烂，可以在冰箱中冷藏，或进行灭菌处理或烘干以供分析之用。

（5）选取平均样品的数量应当不少于供分析用样品的 2 倍。取样后，要注意附上标签。

（6）为了动态的了解供实验用的植物在不同生育期的生理状况，常按植物不同的生育期采取样品进行分析。

二、样品的处理和保存

1. 从田间采取的植株样品（或是从植株上采取的器官组织样品）

由于植物材料在取样后容易失水，特别是在田间取样带回室内的过程中，由于强烈失水，使离体材料的许多生理过程发生明显的变化，用这样的材料进行测定，就不可能得到准确可靠的结果。因此，通常取下的植株样品或器官组织样品，必须放入事先准备好的保湿容器（铺有湿纱布带盖的瓷盘、铝盒，铺有湿滤纸的培养皿等）中，以维持样品的水分状况和未取下前基本一致。采回的新鲜样品（平均样品）在分析前，一般先要经过净化、杀青、烘干（风干）等一系列处理。

（1）净化　新鲜植物样品从田间或试验地采集时，表面常有泥土、灰尘等杂质，应用柔软的湿布擦净，不宜用水冲洗。

（2）杀青　在实验中，前期为了使采回的样品化学成分不发生转变和损耗，应将样品置于 105℃的烘箱中烘 15 ~ 20 min，以终止样品中酶的活性。

（3）烘干　在杀青后，材料不能继续保持在高温下，应立即降低烘箱温度，维持在 70 ~ 80℃，烘干至恒重。烘干时应注意温度不可过高，否则会把样品烤焦，特别是含糖量较多的样品易在高温下焦化。实验中为了避免某些成分的损失（如蛋白质、维生素、糖类等），也可采用真空干燥法进行。

2. 已经烘干（或风干）的样品

（1）种子样品的处理　一般种子（如禾谷类）的平均样品清除杂质后要进行碾磨，注意在磨碎样品前后都应彻底清除磨粉机（或其他碾磨用具）内部的残留物，以免不同样品之间的机械混杂，然后正式磨碎，经过一定的筛选，混合均匀作为分析样品，储存于具有磨口玻塞的广口瓶中，贴上标签，注明样品的采集地点、实验处理、采样日期和采样人姓名等。长期保存的样品，储存瓶上的标签还需要涂蜡。为防止样品在储存期间生虫，可在瓶中放置一些樟脑或对二氯甲苯。

对于油料作物种子（如芝麻、亚麻、花生、蓖麻等）需要测定其含油量时，不应用磨粉机碾磨，否则种子中所含的油分会吸附在磨粉机上，将影响后续分析的准确性。因此，对于油料种子应将少量样品放在研钵中研碎或用切片机切成薄片作为分析样品。

（2）茎秆样品的处理　在研究植物茎秆时，须先将材料烘干（或风干），若要进行碾磨，磨茎秆用的电磨与磨种子的磨粉机结构不同，不宜用磨种子的磨粉机来磨碎茎秆。

（3）新鲜样品的处理　在测定植物材料中酶的活性或某些成分（如植物激素、维生素 C、DNA、RNA 等）的含量时，需要采用新鲜样品。取样时注意保鲜，植物材料离体后，应立即进行待测组分的提取；在进行新鲜材料的活性成分（如酶活性）测定时，样品的匀浆、研磨一定要在冰浴上或低温环境下操作。新鲜样品采集后来不及测定的，可放入液氮中速冻，再放入 –80℃冰箱中保存。

对于柔嫩多汁的样品（如浆果、瓜、菜、块根、块茎、球茎等）的成分（如蛋白质、可溶性糖、维生素、色素等），很容易发生代谢变化和损失，因此常用新鲜样品直接进行各项测定及分析。一般应将新鲜的平均样品切成小块，置于电动捣碎机的玻璃缸内进行捣碎。若样品含水量不够（如甜菜、甘薯等），可以根据样品重加入 0.1 ~ 1 倍的蒸馏水。充分捣碎后的样品应成浆状，从中取出混合均匀的样品进行分析。在鲜样已进行了匀浆，尚未完成提取、纯化，不能进行分析测定等特殊情况下，也可加入防腐剂（甲苯、苯甲酸），以液态保存在缓冲液中，置于 0 ~ 4℃的冰箱即可，但保存时间不宜过长。同时，也可采用液氮冷冻保存或冷冻真空干燥法得到干燥的样品，于 0 ~ 4℃冰箱中保存即可。

测定材料在取样后，一般应在当天测定使用，不应该过夜保存，需要过夜时，也应在较低温度下保存，但在测定前应使材料温度恢复至测定条件的温度。

【参考文献】

1. 邹琦 . 植物生理学实验指导［M］. 北京：中国农业出版社，2003.
2. 刘新 . 植物生理学实验指导［M］. 北京：中国农业出版社，2015.

附录2 计量单位

一、中华人民共和国法定计量单位

1. 国际单位制的基本单位

量的名称	单位名称	单位符号
长度	米	m
质量	千克（公斤）	kg
时间	秒	s
电流	安［培］	A
热力学温度	开［尔文］	K
物质的量	摩［尔］	mol
发光强度	坎［德拉］	cd

2. 用基本单位表示的国际制导出单位

量的名称	单位名称	单位符号
面积	平方米	m^2
体积	立方米	m^3
速度	米每秒	$m \cdot s^{-1}$
密度	千克每立方米	$kg \cdot m^{-3}$
（物质的量）浓度	摩［尔］每立方米	$mol \cdot m^{-3}$
光亮度	坎［德拉］每平方米	$cd \cdot m^{-2}$

3. 国际单位中具有专门名称的导出单位

量的名称	单位名称	单位符号	关系式
频率	赫［兹］	Hz	s^{-1}
力；重力	牛［顿］	N	$kg \cdot m \cdot s^{-2}$
压力；压强；应力	帕［斯卡］	Pa	$N \cdot m^{-2}$
能量；功；热	焦［耳］	J	$N \cdot m$
功率；辐射通量	瓦［特］	W	$J \cdot s$
电位；电压；电动势	伏［特］	V	W/A
电阻	欧［姆］	Ω	V/A
电导	西［门子］	S	A/V
光通量	流［明］	lm	$cd \cdot sr$
［光］照度	勒［克斯］	lx	$lm \cdot m^{-2}$

4. 国家选定的非国际单位制单位

量的名称	单位名称	单位符号	换算关系式
时间	分	min	1 min=60 s
	小时	h	1 h=60 min=3 600 s
	日	d	1 d=24 h=86 400 s
体积	升	L（l）	1 L=1 dm^3=$10^{-3}$$m^3$

5. 常用国际制词冠

表示的因数	词冠名称	中文代号	国际代号
10^6	兆（mega）	兆	M
10^3	千（kilo）	千	k
10^2	百（hecto）	百	h
10^1	十（deca）	十	da
10^{-1}	分（deci）	分	d
10^{-2}	厘（centi）	厘	c
10^{-3}	毫（milli）	毫	m
10^{-6}	微（micro）	微	μ
10^{-9}	纳［诺］（nano）	纳［诺］	n

二、基本常数

类别	换算
气体常数	R=8.314 4 J·(mol·K)$^{-1}$ =0.083 144 1 dm^3·bar·(mol·K)$^{-1}$ =0.082 057 dm^3·atm·(mol·K)$^{-1}$ =8 314.41 dm^3·Pa·(mol·K)$^{-1}$
标准大气压	P=103 125 N·m^{-2}
理想气体的摩尔体积（在标准温度气压下）	Vm=22.413 83 dm^3·mol

【参考文献】

陈建勋 . 植物生理学实验指导［M］. 广州：华南理工大学出版社，2006.

附录3 常用酸碱浓度的近似配制表

常用酸碱试液配制及其相对密度、浓度。

名称	化学式	相对密度（20℃）	质量分数 /（$g \cdot g^{-1}$）	质量浓度 /（$g \cdot mL^{-1}$）	浓度 /（$mol \cdot L^{-1}$）	配制方法
浓盐酸	HCl	1.19	38	44.30	12	
稀盐酸	HCl			10	2.8	浓盐酸 234 mL 加水至 1 000 mL
浓硫酸	H_2SO_4	1.84	96 ~ 98	175.9	18	
稀硫酸	H_2SO_4			10	1	浓硫酸 55 mL 缓缓倾入约 800 mL 水中，并加水至 1 000 mL
浓硝酸	HNO_3	1.42	70 ~ 71	99.12	16	
稀硝酸	HNO_3			10	1.6	浓硝酸 105 mL 缓缓倾入约 800 mL 水中，并加水至 1 000 mL
无水乙酸	CH_3COOH	1.05	99.5	104.48	17	
稀乙酸	CH_3COOH			6.01	1	无水乙酸 60 mL 加水稀释至 1 000 mL
高氯酸	$HClO_4$	1.75	70 ~ 71		12	
浓氨溶液	$NH_3 \cdot H_2O$	0.90	25% ~ 27% NH_3	22.5% ~ 24.3% NH_3	15	
氨试液（稀氢氧化氨液）	NH_4OH	0.96	10% NH_3	9.6% NH_3	6	浓氨溶液 400 mL 加水稀释至 1 000 mL

【参考文献】

陈建勋．植物生理学实验指导［M］．广州：华南理工大学出版社，2006.

附录4 常用缓冲液的配制

1. 磷酸盐缓冲液的配制

母液 A：0.2 $mol \cdot L^{-1}$ Na_2HPO_4 溶液（取 $Na_2HPO_4 \cdot 2H_2O$ 35.61 g 或 $Na_2HPO_4 \cdot 7H_2O$ 53.65 g 或 $Na_2HPO_4 \cdot 12H_2O$ 71.64 g 加蒸馏水溶解后定容至 1 000 mL）。

母液 B：0.2 $mol \cdot L^{-1}$ NaH_2PO_4 溶液（取 $NaH_2PO_4 \cdot H_2O$ 27.6 g 或 $NaH_2PO_4 \cdot 2H_2O$ 31.21 g 加蒸馏水溶解后定容至 1 000 mL）。

x mL 母液 A + y mL 母液 B，稀释至 200 mL。

pH	x	y	pH	x	y
5.7	6.5	93.5	6.9	55.0	45.0
5.8	8.0	92.0	7.0	61.0	39.0
5.9	10.0	90.0	7.1	67.0	33.0
6.0	12.3	87.7	7.2	72.0	28.0
6.1	15.0	85.0	7.3	77.0	23.0
6.2	18.5	81.5	7.4	81.0	19.0
6.3	22.5	77.5	7.5	84.0	16.0
6.4	26.5	73.5	7.6	87.0	13.0
6.5	31.5	68.5	7.7	89.5	10.5
6.6	37.5	62.5	7.8	91.5	8.5
6.7	43.5	56.5	7.9	93.0	7.0
6.8	49.0	51.0	8.0	94.7	5.3

2. 乙酸盐缓冲液的配制

母液 A：0.2 mol · L^{-1} 乙酸溶液（11.55 mL 稀释至 1 000 mL）。

母液 B：0.2 mol · L^{-1} 乙酸钠溶液（16.4 g $C_2H_3O_2Na$ 或 27.2 g $C_2H_3O_2Na \cdot 3H_2O$ 加蒸馏水溶解后定容至 1 000 mL）。

x mL 母液 A + y mL 母液 B，稀释至 100 mL。

pH	x	y	pH	x	y
3.6	46.3	3.7	4.8	20.0	30.0
3.8	44.0	6.0	5.0	14.8	35.2
4.0	41.0	9.0	5.2	10.5	39.5
4.2	36.8	13.2	5.4	8.8	41.2
4.4	30.5	19.5	5.6	4.8	45.2
4.6	25.5	24.5			

3. 柠檬酸 – 磷酸缓冲液的配制

母液 A：0.1 mol · L^{-1} 柠檬酸溶液（19.21 g 柠檬酸加蒸馏水溶解后定容至 1 000 mL）。

母液 B：0.2 mol · L^{-1} 磷酸氢二钠溶液（53.65 g $Na_2HPO_4 \cdot 7H_2O$ 或 71.7 g $Na_2HPO_4 \cdot 12H_2O$ 加蒸馏水溶解后定容至 1 000 mL）。

x mL 母液 A + y mL 母液 B，稀释至 100 mL。

pH	x	y	pH	x	y
2.6	44.6	5.4	5.0	24.3	25.7
2.8	42.2	7.8	5.2	23.3	26.7
3.0	39.8	10.2	5.4	22.2	27.8
3.2	37.7	12.3	5.6	21.0	29.0

续表

pH	x	y	pH	x	y
3.4	35.9	14.1	5.8	19.7	30.3
3.6	33.9	16.1	6.0	17.9	32.1
3.8	32.3	17.7	6.2	16.9	33.1
4.0	30.7	19.3	6.4	15.4	34.6
4.2	29.4	20.6	6.6	13.6	36.4
4.4	27.8	22.2	6.8	9.1	40.9
4.6	26.7	23.3	7.0	6.5	43.6
4.8	25.2	24.8			

4. 柠檬酸－柠檬酸钠缓冲液（0.1 mol · L^{-1}）的配制

母液 A：0.1 mol · L^{-1} 柠檬酸（21.01 g 柠檬酸加蒸馏水溶解后定容至 1 000 mL）。

母液 B：0.1 mol · L^{-1} 柠檬酸钠（29.41 g 柠檬酸钠加蒸馏水溶解后定容至 1 000 mL）。

x mL 母液 A + y mL 母液 B，稀释至 100 mL。

pH	x	y	pH	x	y
3.0	18.6	1.4	5.0	8.2	11.8
3.2	17.2	2.8	5.2	7.3	12.7
3.4	16.0	4.0	5.4	6.4	13.6
3.6	14.9	5.1	5.6	5.5	14.5
3.8	14.0	6.0	5.8	4.7	15.3
4.0	13.1	6.9	6.0	3.8	16.2
4.2	12.3	7.7	6.2	2.8	17.2
4.4	11.4	8.6	6.4	2.0	18.0
4.6	10.3	9.7	6.6	1.4	18.6
4.8	9.2	10.8	6.8		

5. Tris 缓冲液的配制

母液 A：0.2 mol · L^{-1} 三羟甲基氨基甲烷（Tris）（24.2 g Tris 加蒸馏水溶解后定容至 1 000 mL）。

母液 B：0.2 mol · L^{-1} HCl 溶液。

50 mL 母液 A + x mL 母液 B，稀释至 200 mL。

pH	x	pH	x
9.0	5.0	8.0	26.8
8.8	8.1	7.8	32.5
8.6	12.2	7.6	38.4
8.4	16.5	7.4	41.4
8.2	21.9	7.2	44.2

6. 甘氨酸－盐酸缓冲液的配制

母液 A：0.2 mol · L^{-1} 甘氨酸溶液（15.01 g 甘氨酸加蒸馏水溶解后定容至 1 000 mL）。

母液 B：0.2 mol · L^{-1} HCl 溶液。

50 mL 母液 A + *x* mL 母液 B，稀释至 200 mL。

pH	*x*	pH	*x*
3.6	5.0	2.8	16.8
3.4	6.4	2.6	24.2
3.2	8.2	2.4	32.4
3.0	11.4	2.2	44.0

【参考文献】

陈建勋 . 植物生理学实验指导［M］. 广州：华南理工大学出版社，2006.

附录 5　常用植物生长调节物质及主要性质

激素或生长调节物质	化学式	相对分子质量	溶解性质	主要作用
吲哚乙酸（IAA）	$C_{10}H_9NO_2$	175.19	易溶于热水、乙醇、乙醚、丙酮，微溶于冷水、氯仿	促进细胞的延伸生长和细胞壁结构的松弛
赤霉素（GA_3）	$C_{19}H_{22}O_6$	346.38	易溶于甲醇、乙醇、丙醇，溶于乙酸乙酯、碳酸氢钠和乙酸钠水溶液，微溶于水、乙醚	促进茎、叶伸长，破除休眠
玉米素（ZR）	$C_{10}H_{13}N_5O$	219.00	不溶于水，溶于乙醇	促进细胞分裂，有保鲜作用
脱落酸（ABA）	$C_{15}H_{20}O_4$	264.31	易溶于碱性溶液，氯仿、丙酮、乙酸乙酯、甲醇、乙醇，难溶于水、苯	促进离层形成，促进休眠，抑制种子萌发
乙烯（ETH）	C_2H_4	28.05	溶于醇、苯、乙醚，微溶于水	促进果实成熟，促进器官脱落，促进衰老，控制性别
吲哚丁酸（IBA）	$C_{12}H_{13}NO_2$	203.24	溶于醇、丙酮、醚，不溶于水、氯仿	为生根促进剂
α- 萘乙酸（NAA）	$C_{12}H_{10}O_3$	186.20	易溶于热水，微溶于冷水，溶于丙酮、醚、乙酸、苯	与 IAA 相似

续表

激素或生长调节物质	化学式	相对分子质量	溶解性质	主要作用
2,4-二氯苯氧乙酸（2,4-D）	$C_8H_6ClO_3$	221.04	难溶于水，溶于醇、丙酮、乙醚等有机溶剂	防止番茄落花，形成无籽果实，对双子叶植物有毒杀作用，用作单子叶植物的除草剂
2,4,5-三氯苯氧乙酸（2,4,5-T）	$C_8H_5ClO_3O_3$	255.49	溶于乙醇、丙酮、乙醚，难溶于水	与2,4-D类似的除草剂，对木本植物更有效
2,3,5-三碘苯甲酸（TIBA）	$C_7H_3I_3O_2$	499.81	易溶于乙醚、热乙醇，不溶于水	抑制生长，促进分枝，促进开花，在大豆上较有效
马来酰肼（MH）（又名青鲜素）	$C_4H_4N_2O_2$	112.09	易溶于热水，微溶于热乙醇	防止块茎、鳞茎的出芽，防止烟草分枝，属于生长抑制剂
激动素（KT）	$C_{10}H_9\ H_5O$	215.21	易溶于稀盐酸、稀氢氧化钠，微溶于冷水、乙醇、甲醇	促进细胞分裂，有延迟衰老和保绿作用
6-苄氨基腺嘌呤（6-BA）	$C_{12}H_{11}N_5$	225.25	溶于稀碱、稀酸，微溶于乙醇	与激动素相似
乙烯利（CEPA）	$C_2H_6ClO_3P$	144.49	易溶于水、甲醇、丙酮，不溶于石油醚，pH 4.1以上放出乙烯	与乙烯同
比久（B9）	$C_6H_{12}N_2O_3$	160.00	易溶于水、甲醇、丙酮，不溶于二甲苯	是生长延迟剂，阻止细胞分裂，抑制细胞伸长，矮化幼苗
2-氟乙基三甲基二氯化铵（矮壮素，CCC）	$C_5H_{13}\ C_{12}N$	158.07	易溶于水，溶于乙醇、丙酮，不溶于苯、二甲苯、乙醚	是生长抑制剂，延缓茎的伸长，使植物矮化，但不影响顶端分生组织
多效唑（PP333）	$C_{15}H_{20}ClN_3O$	438.38	易溶于水、甲醇、丙酮	壮苗，促根促分蘖，提高抗逆性

【参考文献】

王三根．植物生理学实验教程［M］．北京：科学出版社，2017.

附录 6　植物组织培养常用培养基配方

1. MS 培养基（Murashige 和 Skoog，1962，广泛用于多种植物的组织培养）

成分	含量 /（mg・L^{-1}）	成分	含量 /（mg・L^{-1}）	成分	含量 /（mg・L^{-1}）
NH_4NO_3	1 650	$ZnSO_4 \cdot 7H_2O$	8.6	盐酸硫胺素	0.4
KNO_3	1 900	H_3BO_3	6.2	盐酸吡哆醇	0.5
KH_2PO_4	170	KI	0.83	烟酸	0.5
$CaCl_2 \cdot 2H_2O$	440	$Na_2MoO_4 \cdot 2H_2O$	0.25	蔗糖	30 000
$MgSO_4 \cdot 7H_2O$	370	$CuSO_4 \cdot 5H_2O$	0.025	琼脂	8 000
$FeSO_4 \cdot 7H_2O$	27.8	$CoCl_2 \cdot 6H_2O$	0.025	pH	5.8
EDTA–2Na	37.3	肌醇	100		
$MnSO_4 \cdot 4H_2O$	22.3	甘氨酸	2		

2. B_5 培养基（Gamborg，1968）

成分	含量 /（mg・L^{-1}）	成分	含量 /（mg・L^{-1}）	成分	含量 /（mg・L^{-1}）
KNO_3	3 000	$ZnSO_4 \cdot 7H_2O$	2	盐酸硫胺素	10
$(NH_4)_2SO_4$	134	H_3BO_3	3	盐酸吡哆醇	1
$NaH_2PO_4 \cdot H_2O$	150	KI	0.75	烟酸	1
$CaCl_2 \cdot 2H_2O$	150	$Na_2MoO_4 \cdot 2H_2O$	0.25	蔗糖	20 000
$MgSO_4 \cdot 7H_2O$	500	$CuSO_4 \cdot 5H_2O$	0.025	琼脂	10 000
EDTA–FeNa・$3H_2O$	28	$CoCl_2 \cdot 6H_2O$	0.025	pH	5.5
$MnSO_4 \cdot 4H_2O$	10	肌醇	100		

3. N_6 培养基（朱至清，1975，用于禾谷类花药、原生质体的培养和诱导玉米体细胞胚胎发生）

成分	含量 / (mg · L^{-1})	成分	含量 / (mg · L^{-1})	成分	含量 / (mg · L^{-1})
KNO_3	2 830	$ZnSO_4 \cdot 7H_2O$	1.5	烟酸	0.5
$(NH_4)_2SO_4$	463	H_3BO_3	1.6	蔗糖	50 000
KH_2PO_4	400	KI	0.8	琼脂	8 000
$CaCl_2 \cdot 2H_2O$	166	EDTA-2Na	37.3	pH	5.8
$MgSO_4 \cdot 7H_2O$	185	甘氨酸	2		
$FeSO_4 \cdot 7H_2O$	27.8	盐酸硫胺素	1		
$MnSO_4 \cdot 4H_2O$	4.4	盐酸吡哆醇	0.5		

4. LS 培养基（Linsmaier 和 Skoog，1965）

成分	含量 / (mg · L^{-1})	成分	含量 / (mg · L^{-1})	成分	含量 / (mg · L^{-1})
NH_4NO_3	1 650	$ZnSO_4 \cdot 7H_2O$	8.6	蔗糖	30 000
KNO_3	1 900	H_3BO_3	6.2	琼脂	8 000
KH_2PO_4	170	KI	0.83	pH	5.8
$CaCl_2 \cdot 2H_2O$	440	$Na_2MoO_4 \cdot 2H_2O$	0.25		
$MgSO_4 \cdot 7H_2O$	370	$CuSO_4 \cdot 5H_2O$	0.025		
$FeSO_4 \cdot 7H_2O$	27.8	$CoCl_2 \cdot 6H_2O$	0.025		
EDTA-2Na	37.3	肌醇	100		
$MnSO_4 \cdot 4H_2O$	22.3	盐酸硫胺素	0.4		

5. H 培养基（Bourgin 和 Nitsch，1967，用于烟草花药和一般组织培养）

成分	含量 / (mg · L^{-1})	成分	含量 / (mg · L^{-1})	成分	含量 / (mg · L^{-1})
NH_4NO_3	720	$ZnSO_4 \cdot 7H_2O$	10	叶酸	0.5
KNO_3	950	H_3BO_3	10	生物素	0.05
KH_2PO_4	68	$Na_2MoO_4 \cdot 2H_2O$	0.25	蔗糖	30 000
$CaCl_2 \cdot 2H_2O$	166	$CuSO_4 \cdot 5H_2O$	0.025	琼脂	8 000
$MgSO_4 \cdot 7H_2O$	185	肌醇	100	pH	5.5
$FeSO_4 \cdot 7H_2O$	27.8	甘氨酸	2		
EDTA-2Na	37.3	盐酸硫胺素	0.5		
$MnSO_4 \cdot 4H_2O$	25	盐酸吡哆醇	0.5		

6. ER 培养基（1965）

成分	含量 /（mg · L^{-1}）	成分	含量 /（mg · L^{-1}）	成分	含量 /（mg · L^{-1}）
NH_4NO_3	1 200	H_3BO_3	0.63	盐酸吡哆醇	0.5
KNO_3	1 900	KI	0.83	甘氨酸	2
KH_2PO_4	340	$Na_2MoO_4 \cdot 2H_2O$	0.025	蔗糖	40 000
$CaCl_2 \cdot 2H_2O$	440	$CuSO_4 \cdot 5H_2O$	0.002 5	pH	5.8
$MgSO_4 \cdot 7H_2O$	370	$CoCl_2 \cdot 6H_2O$	0.002 5		
$FeSO_4 \cdot 7H_2O$	27.8	EDTA–ZnNa	15		
EDTA–2Na	37.3	盐酸硫胺素	0.5		
$MnSO_4 \cdot 4H_2O$	2.23	烟酸	0.5		

7. 克诺普的“四盐营养液”（W. Knop 和 Julius von Sachs，1865）

成分	含量 /（mg · L^{-1}）
$Ca(NO_3)_2$	800
KNO_3	200
KH_2PO_4	200
$MgSO_4$	147200

8. GS 培养基（曹孜义，1986，用于葡萄试管苗培养）

成分	含量 /（mg · L^{-1}）	成分	含量 /（mg · L^{-1}）	成分	含量 /（mg · L^{-1}）
$(NH_4)_2SO_4$	67	$ZnSO_4 \cdot 7H_2O$	1	盐酸吡哆醇	1
KNO_3	1 250	H_3BO_3	1.5	烟酸	1
$CaCl_2 \cdot 2H_2O$	150	KI	0.375	蔗糖	15 000
$MgSO_4 \cdot 7H_2O$	125	$CuSO_4 \cdot 5H_2O$	0.012 5	琼脂	4 000 ~ 7 000
$FeSO_4 \cdot 7H_2O$	13.9	$CoCl_2 \cdot 6H_2O$	0.012 5	pH	5.9
EDTA–2Na	18.65	肌醇	25		
$NaH_2PO_4 \cdot H_2O$	175	盐酸硫胺素	10		
$MnSO_4 \cdot H_2O$	5	盐酸吡哆醇	1		

9. SH 培养基（Schenk 和 Hildebrandt，1972，用于松树组织培养）

成分	含量 /（$mg \cdot L^{-1}$）	成分	含量 /（$mg \cdot L^{-1}$）	成分	含量 /（$mg \cdot L^{-1}$）
KNO_3	2 500	H_3BO_3	5	盐酸吡哆醇	5
$CaCl_2 \cdot 2H_2O$	200	KI	1	蔗糖	30 000
$MgSO_4 \cdot 7H_2O$	400	$Na_2MoO_4 \cdot 2H_2O$	0.1	pH	5.8
$FeSO_4 \cdot 7H_2O$	20	$CuSO_4 \cdot 5H_2O$	0.2		
EDTA-2Na	15	$CoCl_2 \cdot 6H_2O$	0.1		
$MnSO_4 \cdot H_2O$	10	盐酸硫胺素	5		
$NH_4H_2PO_4$	300	烟酸	5		
$ZnSO_4 \cdot 7H_2O$	1	肌醇	1 000		

10. WS 培养基（Wolter 和 Skoog，1966）

成分	含量 /（$mg \cdot L^{-1}$）	成分	含量 /（$mg \cdot L^{-1}$）	成分	含量 /（$mg \cdot L^{-1}$）
NH_4NO_3	50	$Na_2HPO_4 \cdot 2H_2O$	35	草酸铁	28
KNO_3	170	NH_4Cl	35	盐酸硫胺素	0.1
$Ca(NO_3)_2 \cdot 4H_2O$	425	$MnSO_4 \cdot 4H_2O$	7.5	盐酸吡哆醇	0.1
$FeSO_4 \cdot 7H_2O$	27.8	$MnSO_4 \cdot 7H_2O$	9	烟酸	0.5
EDTA-2Na	37.3	$ZnSO_4 \cdot 7H_2O$	3.2	蔗糖	20 000
KCl	140	KI	1.6	琼脂	10 000
Na_2SO_4	425	肌醇	100		

11. Nitsch 培养基（1969）

成分	含量 /（$mg \cdot L^{-1}$）	成分	含量 /（$mg \cdot L^{-1}$）	成分	含量 /（$mg \cdot L^{-1}$）
NH_4NO_3	720	$MnSO_4 \cdot 4H_2O$	25	维生素 H	0.05
KNO_3	950	$ZnSO_4 \cdot 7H_2O$	10	甘氨酸	2
KH_2PO_4	68	H_3BO_3	3	盐酸硫胺素	1
$CaCl_2 \cdot 2H_2O$	166	$Na_2MoO_4 \cdot 2H_2O$	0.25	盐酸吡哆醇	0.5
$MgSO_4 \cdot 7H_2O$	185	$CuSO_4 \cdot 5H_2O$	0.08	烟酸	5
$FeSO_4 \cdot 7H_2O$	27.8	叶酸	0.5	蔗糖	20 000
EDTA-2Na	37.3	肌醇	100		

12. White 培养基（1963）

成分	含量 /（$mg \cdot L^{-1}$）	成分	含量 /（$mg \cdot L^{-1}$）	成分	含量 /（$mg \cdot L^{-1}$）
KNO_3	80	$MnSO_4 \cdot 4H_2O$	5	盐酸硫胺素	0.1
$Ca(NO_3)_2 \cdot 4H_2O$	200	$ZnSO_4 \cdot 7H_2O$	3	盐酸吡哆醇	0.1
$MgSO_4 \cdot 7H_2O$	720	H_3BO_3	1.5	烟酸	0.3
$NaH_2PO_4 \cdot H_2O$	17	KI	0.75	蔗糖	20 000
Na_2SO_4	200	MoO_3	0.001	琼脂	10 000
$Fe_2(SO_4)_3$	2.5	甘氨酸	3	pH	5.6

13. Knop 培养基（1865）

成分	含量 /（$mg \cdot L^{-1}$）	成分	含量 /（$mg \cdot L^{-1}$）	成分	含量 /（$mg \cdot L^{-1}$）
KNO_3	125	$Ca(NO_3)_2 \cdot 4H_2O$	500	KH_2PO_4	125
$MgSO_4 \cdot 7H_2O$	125				

14. Miller 培养基（1963—1967）

成分	含量 /（$mg \cdot L^{-1}$）	成分	含量 /（$mg \cdot L^{-1}$）	成分	含量 /（$mg \cdot L^{-1}$）
NH_4NO_3	1 000	$ZnSO_4 \cdot 7H_2O$	1.5	盐酸硫胺素	0.1
KNO_3	1 000	H_3BO_3	1.6	盐酸吡哆醇	0.1
KH_2PO_4	300	KI	0.8	烟酸	0.5
$Ca(NO_3)_2 \cdot 4H_2O$	347	$NiCl_2 \cdot 6H_2O$	0.35	蔗糖	30 000
$MgSO_4 \cdot 7H_2O$	35	KCl	65	琼脂	10 000
$EDTA\text{-}FeNa \cdot 3H_2O$	32	$MnSO_4 \cdot 4H_2O$	4.4	pH	6

15. 改良 MS 培养基（用于石斛兰的生根）

成分	含量 /（$mg \cdot L^{-1}$）	成分	含量 /（$mg \cdot L^{-1}$）	成分	含量 /（$mg \cdot L^{-1}$）
NH_4NO_3	1 650	$MnSO_4 \cdot 4H_2O$	22.3	肌醇	100
KNO_3	1 900	$ZnCl_2$	3.93	盐酸硫胺素	0.4
KH_2PO_4	170	H_3BO_3	6.2	IAA	0.1
$CaCl_2 \cdot 2H_2O$	440	KI	0.83	蔗糖	30 000
$MgSO_4 \cdot 7H_2O$	370	$Na_2MoO_4 \cdot 2H_2O$	0.25	琼脂	13 000
$FeSO_4 \cdot 7H_2O$	27.8	$CuSO_4 \cdot 5H_2O$	0.025	pH	5.5
EDTA-2Na	74.5	$CoCl_2 \cdot 6H_2O$	0.025		

16. NT 培养基（Nagata 和 Takebe，1971）

成分	含量 /（mg · L^{-1}）	成分	含量 /（mg · L^{-1}）	成分	含量 /（mg · L^{-1}）
NH_4NO_3	825	$MnSO_4 \cdot 4H_2O$	22.3	肌醇	100
KNO_3	950	$ZnSO_4 \cdot 7H_2O$	8.6	甘露醇	0.7（mol · L^{-1}）
KH_2PO_4	680	H_3BO_3	6.2	盐酸硫胺素	1
$CaCl_2 \cdot 2H_2O$	220	KI	0.83	蔗糖	10 000
$MgSO_4 \cdot 7H_2O$	1 233	$Na_2MoO_4 \cdot 2H_2O$	0.25	pH	5.8
$FeSO_4 \cdot 7H_2O$	27.8	$CuSO_4 \cdot 5H_2O$	0.025		
EDTA-2Na	37.3	$CoSO_4 \cdot 7H_2O$	0.030		

17. HL 培养基（1982）

成分	含量 /（mg · L^{-1}）	成分	含量 /（mg · L^{-1}）	成分	含量 /（mg · L^{-1}）
NH_4NO_3	400	K_2SO_4	99	盐酸硫胺素	1
KH_2PO_4	170	$ZnSO_4 \cdot 7H_2O$	8.6	盐酸吡哆醇	1
$CaCl_2 \cdot 2H_2O$	96	H_3BO_3	6.2	蔗糖	20 000
$MgSO_4 \cdot 7H_2O$	370	$Na_2MoO_4 \cdot 2H_2O$	0.25	琼脂	4 800
$FeSO_4 \cdot 7H_2O$	27.8	$CuSO_4 \cdot 5H_2O$	0.25		
EDTA-2Na	37.3	肌醇	100		
$MnSO_4 \cdot 4H_2O$	22.5	甘氨酸	2		
$Ca(NO_3)_2 \cdot 4H_2O$	556	烟酸	1		

18. MT 培养基（Murashige 和 Tucker，1969）

成分	含量 /（mg · L^{-1}）	成分	含量 /（mg · L^{-1}）	成分	含量 /（mg · L^{-1}）
NH_4NO_3	1 650	$ZnSO_4 \cdot 7H_2O$	8.6	盐酸硫胺素	10
KNO_3	1 900	H_3BO_3	6.2	盐酸吡哆醇	10
KH_2PO_4	170	KI	0.83	烟酸	5
$CaCl_2 \cdot 2H_2O$	440	$Na_2MoO_4 \cdot 2H_2O$	0.25	维生素 C	2
$MgSO_4 \cdot 7H_2O$	370	$CuSO_4 \cdot 5H_2O$	0.025	蔗糖	50 000
$FeSO_4 \cdot 7H_2O$	27.8	$CoCl_2 \cdot 6H_2O$	0.025		
EDTA-2Na	37.3	肌醇	100		
$MnSO_4 \cdot 4H_2O$	22.3	甘氨酸	100		

19. Nitsch 培养基（1951，用于传粉后子房培养）

成分	含量 /（mg · L^{-1}）	成分	含量 /（mg · L^{-1}）	成分	含量 /（mg · L^{-1}）
$Ca(NO_3)_2 \cdot 4H_2O$	500	$ZnSO_4 \cdot 7H_2O$	0.05	蔗糖	20 000
KNO_3	125	H_3BO_3	0.5	琼脂	10 000
KH_2PO_4	125	$Na_2MoO_4 \cdot 2H_2O$	0.025	pH	6.0
$MgSO_4 \cdot 7H_2O$	125	$CuSO_4 \cdot 5H_2O$	0.025		
柠檬酸铁	10				
$MnSO_4 \cdot 4H_2O$	3				

20. 改良 Nitsch 培养基（1963，用于传粉后子房培养）

成分	含量 /（mg · L^{-1}）	成分	含量 /（mg · L^{-1}）	成分	含量 /（mg · L^{-1}）
$Ca(NO_3)_2 \cdot 4H_2O$	500	$ZnSO_4 \cdot 7H_2O$	0.05	盐酸硫胺素	0.25
KNO_3	125	H_3BO_3	0.5	盐酸吡哆醇	0.25
KH_2PO_4	125	$Na_2MoO_4 \cdot 2H_2O$	0.025	烟酸	1.25
$MgSO_4 \cdot 7H_2O$	125	$CuSO_4 \cdot 5H_2O$	0.025	蔗糖	50 000
柠檬酸铁	10	甘氨酸	7.5	琼脂	7 000
$MnSO_4 \cdot 4H_2O$	3	泛酸钙	0.25	pH	6.0

21. GD 培养基（Gresshoff 和 Doy，1972，用于松树组织培养）

成分	含量 /（mg · L^{-1}）	成分	含量 /（mg · L^{-1}）	成分	含量 /（mg · L^{-1}）
NH_4NO_3	1 000	$ZnSO_4 \cdot 7H_2O$	3	甘氨酸	0.4
KNO_3	1 000	H_3BO_3	3	盐酸硫胺素	1
KH_2PO_4	300	KI	0.8	盐酸吡哆醇	0.1
$Ca(NO_3)_2 \cdot 4H_2O$	347	$Na_2MoO_4 \cdot 2H_2O$	0.25	烟酸	0.1
$MgSO_4 \cdot 7H_2O$	35	$CuSO_4 \cdot 5H_2O$	0.25	蔗糖	30 000
$FeSO_4 \cdot 7H_2O$	27.8	$CoCl_2 \cdot 6H_2O$	0.25	琼脂	10 000
EDTA-2Na	37.3	KCl	65	pH	5.8
$MnSO_4 \cdot H_2O$	10	肌醇	10		

22. T 培养基（Bourgin 和 Nitsch，1967，用于烟草花粉植株和各类再生植株的壮苗培养）

成分	含量 /（$mg \cdot L^{-1}$）	成分	含量 /（$mg \cdot L^{-1}$）	成分	含量 /（$mg \cdot L^{-1}$）
NH_4NO_3	1 650	H_3BO_3	10	蔗糖	10 000
KNO_3	1 900	$Na_2MoO_4 \cdot 2H_2O$	0.25	琼脂	8 000
KH_2PO_4	170	$CuSO_4 \cdot 5H_2O$	0.025	pH	6.0
$CaCl_2 \cdot 2H_2O$	440	EDTA-2Na	37.3		
$MgSO_4 \cdot 7H_2O$	370	$MnSO_4 \cdot 4H_2O$	25		
$FeSO_4 \cdot 7H_2O$	27.8				

23. CC 培养基（Potrykus，1979）

成分	含量 /（$mg \cdot L^{-1}$）	成分	含量 /（$mg \cdot L^{-1}$）	成分	含量 /（$mg \cdot L^{-1}$）
NH_4NO_3	640	$ZnSO_4 \cdot 7H_2O$	5.76	烟酸	6
KNO_3	1 212	H_3BO_3	3.1	盐酸硫胺素	8.5
KH_2PO_4	136	KI	0.83	盐酸吡哆醇	1
$CaCl_2 \cdot 2H_2O$	588	$Na_2MoO_4 \cdot 2H_2O$	0.24	甘氨酸	2
$MgSO_4 \cdot 7H_2O$	247	$CuSO_4 \cdot 5H_2O$	0.025	椰子乳	100
$FeSO_4 \cdot 7H_2O$	27.8	$Co\ O_4 \cdot 7H_2O$	0.028	蔗糖	20 000
EDTA-2Na	37.3	肌醇	90	pH	5.8
$MnSO_4 \cdot 4H_2O$	11.5	甘露醇	36 430		

24. NB 培养基

成分	含量 /（$mg \cdot L^{-1}$）	成分	含量 /（$mg \cdot L^{-1}$）	成分	含量 /（$mg \cdot L^{-1}$）
KNO_3	2 830	$ZnSO_4 \cdot 7H_2O$	2	盐酸吡哆醇	0.5
$(NH_4)_2SO_4$	463	H_3BO_3	3	盐酸硫胺素	1
KH_2PO_4	400	KI	0.75	烟酸	0.5
$CaCl_2 \cdot 2H_2O$	166	$Na_2MoO_4 \cdot 2H_2O$	0.25	蔗糖	50 000
$MgSO_4 \cdot 7H_2O$	185	$CuSO_4 \cdot 5H_2O$	0.025	琼脂	8 000
$EDTA\text{-}FeNa \cdot 3H_2O$	28	$CoCl_2 \cdot 6H_2O$	0.025	pH	5.8
$MnSO_4 \cdot 4H_2O$	10	甘氨酸	2		

25. MB 培养基

成分	含量 /（$mg \cdot L^{-1}$）	成分	含量 /（$mg \cdot L^{-1}$）	成分	含量 /（$mg \cdot L^{-1}$）
NH_4NO_3	1 650	$ZnSO_4 \cdot 7H_2O$	2	盐酸硫胺素	0.4
KNO_3	1 900	H_3BO_3	3	盐酸吡哆醇	0.5
KH_2PO_4	170	KI	0.75	烟酸	0.5
$CaCl_2 \cdot 2H_2O$	440	$Na_2MoO_4 \cdot 2H_2O$	0.25	蔗糖	30 000
$MgSO_4 \cdot 7H_2O$	500	$CuSO_4 \cdot 5H_2O$	0.025	琼脂	8 000
$FeSO_4 \cdot 7H_2O$	27.8	$CoCl_2 \cdot 6H_2O$	0.025	pH	5.8
EDTA-2Na	37.3	肌醇	100		
$MnSO_4 \cdot 4H_2O$	10	甘氨酸	2		

26. 改良 SH 培养基（王友生，2006，用于紫苜蓿愈伤组织诱导培养）

成分	含量 /（$mg \cdot L^{-1}$）	成分	含量 /（$mg \cdot L^{-1}$）	成分	含量 /（$mg \cdot L^{-1}$）
KNO_3	2 830	$ZnSO_4 \cdot 7H_2O$	1	烟酸	5
$(NH_4)_2SO_4$	463	H_3BO_3	5	蔗糖	50 000
KH_2PO_4	400	KI	1	琼脂	8 000
$CaCl_2 \cdot 2H_2O$	166	$Na_2MoO_4 \cdot 2H_2O$	0.1	肌醇	100
$MgSO_4 \cdot 7H_2O$	185	$CuSO_4 \cdot 5H_2O$	0.2	盐酸硫胺素	5
EDTA-FeNa $\cdot 3H_2O$	140	$CoCl_2$	0.1	盐酸吡哆醇	0.5
$MnSO_4 \cdot H_2O$	10	EDTA-2Na	37.3	pH	5.8

27. MSO 培养基（王友生，2006，用于紫苜蓿胚状体的分化）

成分	含量 /（$mg \cdot L^{-1}$）	成分	含量 /（$mg \cdot L^{-1}$）	成分	含量 /（$mg \cdot L^{-1}$）
NH_4NO_3	1 650	$ZnSO_4 \cdot 7H_2O$	2	盐酸硫胺素	0.4
KNO_3	1 900	H_3BO_3	3	盐酸吡哆醇	0.5
KH_2PO_4	170	KI	0.75	烟酸	0.5
$CaCl_2 \cdot 2H_2O$	440	$Na_2MoO_4 \cdot 2H_2O$	0.25	蔗糖	30 000
$MgSO_4 \cdot 7H_2O$	370	$CuSO_4 \cdot 5H_2O$	0.025	琼脂	8 000
$FeSO_4 \cdot 7H_2O$	27.8	$CoCl_2 \cdot 6H_2O$	0.025	pH	5.8
EDTA-2Na	37.3	肌醇	100		
$MnSO_4 \cdot 4H_2O$	10	甘氨酸	2		

28. BM1 培养基（林治良，1996，用于番木瓜的离体培养体系的建立）

成分	含量 / （$mg \cdot L^{-1}$）	成分	含量 / （$mg \cdot L^{-1}$）	成分	含量 / （$mg \cdot L^{-1}$）
NH_4NO_3	825	$ZnSO_4 \cdot 7H_2O$	8.6	盐酸硫胺素	10
KNO_3	950	H_3BO_3	6.2	盐酸吡哆醇	10
KH_2PO_4	85	KI	0.83	烟酸	5
$CaCl_2 \cdot 2H_2O$	440	$Na_2MoO_4 \cdot 2H_2O$	0.25	维生素 C	2
$MgSO_4 \cdot 7H_2O$	370	$CuSO_4 \cdot 5H_2O$	0.025	BA	0.5
$FeSO_4 \cdot 7H_2O$	27.8	$CoCl_2 \cdot 6H_2O$	0.025	NAA	0.2
EDTA-2Na	37.3	肌醇	100	蔗糖	50 000
$MnSO_4 \cdot 4H_2O$	22.3	甘氨酸	100		

29. BM2 培养基（林治良，1996，用于建立番木瓜试管株系的离体快繁）

成分	含量 / （$mg \cdot L^{-1}$）	成分	含量 / （$mg \cdot L^{-1}$）	成分	含量 / （$mg \cdot L^{-1}$）
NH_4NO_3	1 650	$ZnSO_4 \cdot 7H_2O$	8.6	盐酸硫胺素	10
KNO_3	1 900	H_3BO_3	6.2	盐酸吡哆醇	10
KH_2PO_4	170	KI	0.83	烟酸	5
$CaCl_2 \cdot 2H_2O$	440	$Na_2MoO_4 \cdot 2H_2O$	0.25	维生素 C	2
$MgSO_4 \cdot 7H_2O$	370	$CuSO_4 \cdot 5H_2O$	0.025	BA	0.5
$FeSO_4 \cdot 7H_2O$	27.8	$CoCl_2 \cdot 6H_2O$	0.025	NAA	0.1
EDTA-2Na	37.3	肌醇	100	蔗糖	50 000
$MnSO_4 \cdot 4H_2O$	22.3	甘氨酸	100		

30. ZM 培养基（张望东，1994，用于杨树植株的再生）

成分	含量 / （$mg \cdot L^{-1}$）	成分	含量 / （$mg \cdot L^{-1}$）	成分	含量 / （$mg \cdot L^{-1}$）
NH_4NO_3	1 650	H_3BO_3	6.2	谷氨酸	1
KNO_3	1 900	KI	0.83	2,4-D	0.45
KH_2PO_4	170	$Na_2MoO_4 \cdot 2H_2O$	0.25	激动素	0.1
$CaCl_2 \cdot 2H_2O$	440	$CuSO_4 \cdot 5H_2O$	0.025	盐酸硫胺素	0.4
$MgSO_4 \cdot 7H_2O$	370	$CoCl_2 \cdot 6H_2O$	0.025	盐酸吡哆醇	0.5
$FeSO_4 \cdot 7H_2O$	27.8	肌醇	100	烟酸	0.5
EDTA-2Na	37.3	甘氨酸	2	蔗糖	25 000
$MnSO_4 \cdot 4H_2O$	22.3	天冬氨酸	1	琼脂	8 000
$ZnSO_4 \cdot 7H_2O$	8.6	精氨酸	1	pH	5.8

31. DCR 培养基（Gupta 和 Durzan，1985）

成分	含量 /（mg·L^{-1}）	成分	含量 /（mg·L^{-1}）	成分	含量 /（mg·L^{-1}）
NH_4NO_3	400	$MnSO_4 \cdot H_2O$	22.3	肌醇	200
KNO_3	340	$ZnSO_4 \cdot 7H_2O$	8.6	甘氨酸	2
$Ca(NO_3)_2 \cdot 4H_2O$	556	H_3BO_3	6.2	NAA	0.5
KH_2PO_4	170	KI	0.83	盐酸硫胺素	1.0
$CaCl_2 \cdot 2H_2O$	85	$Na_2MoO_4 \cdot 2H_2O$	0.25	盐酸吡哆醇	0.5
$MgSO_4 \cdot 7H_2O$	370	$CuSO_4 \cdot 5H_2O$	0.25	蔗糖	30 000
$FeSO_4 \cdot 7H_2O$	27.8	$CoCl_2 \cdot 6H_2O$	0.025		
EDTA-2Na	37.3	$NiCl_2$	0.025		

附录 7 水稻水培营养液配方

元素		浓度 /（mmol·L^{-1}）	使用盐类	用量（1 000×）	备注
大量元素 /（g·L^{-1}）	N	2.9	NH_4NO_3	116.0	均为母液，苗期大量元素使用量为 1/4
	P	0.32	$NaH_2PO_4 \cdot 2H_2O$	49.9	
	K	1.0	K_2SO_4	87	
	Ca	1.0	$CaCl_2$	111.0	
	Mg	1.7	$MgSO_4 \cdot 7H_2O$	418.0（500×）	
微量元素 /（mg·L^{-1}）	Mn	9.1×10^{-3}	$MnCl_2 \cdot 4H_2O$	1 801.8	微量元素母液需要单独配制，使用时母液定容至 0.95 L，再添加 50 mL 浓硫酸，定容至 1 L；水体培养中，pH 调至 5.5 左右
	Mo	5.2×10^{-4}	$(NH_4)_6MoO_{24} \cdot 4H_2O$	91.8	
	B	1.8×10^{-2}	H_3BO_3	1 098.0	
	Zn	1.5×10^{-4}	$ZnSO_4 \cdot 7H_2O$	44.55	
	Cu	1.6×10^{-4}	$CuSO_4 \cdot 5H_2O$	41.6	
	Fe	3.6×10^{-2}	$FeCl_3 \cdot 6H_2O$	9 738.0	
			柠檬酸（水合物）	14 875.0	